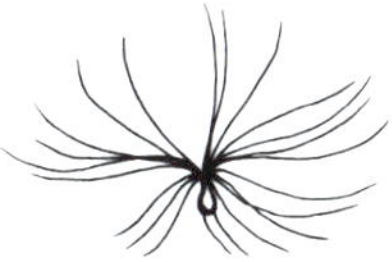

ミクロの自然探検

身近な植物に探る驚異のデザイン

矢追義人

文一総合出版

序文

内容は、自分としては「路傍の自然誌」のようなものかなと思っていましたが、ある方から本のタイトルとしては「路傍のミクロ自然探偵」はどうか、とのご提案がありました。この「ミクロの探検」は、私にとっては中学以来続いているテーマです。中学に入学したとき、叔母が子ども用の顕微鏡をプレゼントしてくれ、それにはまりこみました。最後はゾウリムシやアメーバを飼って毎日眺めていました。それで人生を間違えました、と言ったら、「そんな年頃で人生を間違えるような対象に出会えたなんて幸せです」と言ってくれた人がいます。間違えたのは事実で、それで私は研究の道に進みましたが、定年で自由の身になり、身辺の自然観察などを始めたら、人生を間違えた中学生の原点にいとも簡単に回帰してしまって、結局、今も顕微鏡を見たりして楽しんでいます。三つ児の魂、ですかね。

S

ミクロの自然探検

身近な植物に探る驚異のデザイン

目次

葉っぱ——ミクロの造形

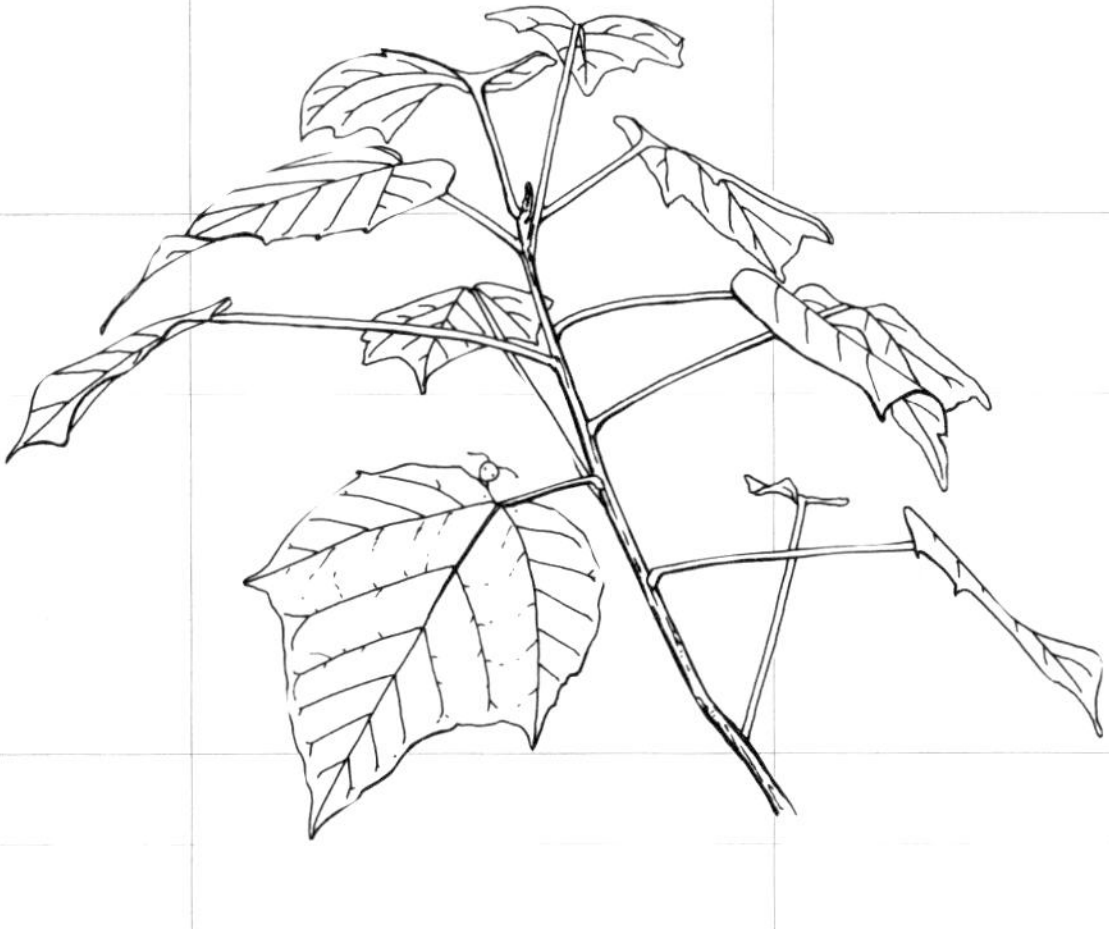

①―若葉を開いたアカメガシワの枝先

植物の葉は花に比べると構造が単純で、どれも似たり寄ったりだと思われがちである。しかし、葉の表や裏を顕微鏡で眺めると、じつにさまざまな微細なアクセサリーがあり、結構にぎやかな景色を見ることができる。しばらくの間ご一緒に、ミクロの世界の探検を楽しんでいただきたい。

いろいろな毛

アカメガシワは赤芽柏、文字通り若葉が赤い(①)。柏は柏餅の柏、食物を載せたり包んだりする葉のことで、アカメガシワも同じ目的に使われ、五菜葉の別名がある。

家にしあれば笥に盛る飯を草枕旅にしあれば椎の葉に盛る　有間皇子

「椎の葉じゃ飯を盛るには小さすぎるんじゃない」とクレームをつけるのは無粋というものだろう。現代でも葉は食物を載せたり包んだりするのに使われ、柏、朴、笹、竹の皮、茅がや、葦、真菰、桜、紫蘇、葉蘭、サルトリイバラ、海藻なら昆布など、こんなにと思うくらいある。

さて、アカメガシワの若葉はどうして赤いのだろう。やや成長した葉の表面を拡大してみると、赤い毛が密生している(②)。この毛は星状毛と呼ばれるものだ。そして赤いのは星状毛であって、葉の地肌は緑色である。もっと若い葉だと星状毛がびっし

②ーアカメガシワの若葉の表面の赤い星状毛

③ーアカメガシワの葉の裏には星状毛が少ない

コムラサキ

りで地肌が見えないが、セロテープをくっつけて毛をはがしてやると地肌の色がわかる。せっかくだから、葉の裏も見てあげよう③。こちらも星状毛がまばらにあるが赤くはなく、その間にやや黄色みを帯びた「腺点」が見える。腺点とは何かを分泌する微細な組織で、これもミクロの造形である。

アカメガシワと同じく若葉が赤くて美しいので、庭にも植えられるオオバベニガシワという中国原産の木がある。この葉の表面には葉脈に沿った毛があるが赤くはなく、地肌そのものが赤い④。若葉が赤いのは、まだ葉緑素が不十分な葉を紫外線から守るためと考えられるが、同じ目的のためにアカメガシワは星状毛を赤くし、オオバベニガシワは葉身そのものを赤くするという戦略をとった。また、どちらにも葉の基部に蜜腺があってアリが集まるが、アカメガシワでは葉の表に向かって蜜が出るのに対し⑤、オオバベニガシワでは葉の裏側に蜜が出るんだよ⑥、とアリたちが教えてくれた。類縁関係が近い植物だから同じような仕組みだろうと予断は禁物、自然は油断がならない。

星状毛は、気をつけているといろんな葉や枝で見つかる。5月、マルバウツギの花にこんなお客様が来て蜜を吸っていた⑦。なんとかウツギと名乗る花はざっと20種類はあり、所属する科もまちまちで素人泣かせだが、このマルバウツギはいわゆる卯の花、ウツギの仲間だ。葉の裏はかなりざらざらしていて、全面に白い星状毛があるほか、葉脈に沿って不規則な形の粗い棘がある。その葉脈をずうっと葉の基部までたどってみると、ギャーッ、ヒトデとイソギンチャク！　これ海底の景色か⑧。これ

【クチクラ層】
動植物の体表面を覆う防水性の被膜組織。植物では葉や茎に発達し、表皮細胞の外側に分泌される角質（クチン）やロウ質（ワックス）からなる。植物体の機械的保護に加え、過度の蒸散の防止、カビや細菌への防御などに働く。照葉樹や海岸植物で特に厚く発達する。

エビヅル

シロダモの新芽

も星状毛、これが鋭い棘に変わる。しかしなんともはや、絶景ですね。さらに⑨はコムラサキの枝先である。これも星状毛だが、こうなるとまるでウニだ。星状毛の間に見える黄色い粒は腺点である。古希のよわいを迎えてこんなことで喜んでいられるのは有り難いことだ。せっかくだからもう1種、イトマキヒトデをご覧いただく。これはキウイの葉の裏の星状毛である（⑩）。

若葉には毛をもつものが多い。しかし、葉が成長して表面にクチクラ層（※）が発達し、固く丈夫になるにつれて、多くの場合、毛は脱落してしまう。そのことから、毛はまだ若くてやわらかい葉を虫による食害や紫外線から守ったり、表面の湿度を保ったりする役割があると考えられる。シロダモの葉の裏は金色で、手触りはベルベットのようにやわらかい。子犬の耳たぶの感触、と表現する人もいる。葉の裏を拡大してみると、本当に子犬の毛のような美しい絹毛がなびいているが（⑪）、この毛も葉が成長すると脱落してしまう。

もちろん、成長しても毛が残る葉もある。⑫はエビヅル、⑬は栽培種のブドウ、どちらも葉の裏である。このような毛は「くも毛」とも呼ばれるが、まさに蜘蛛の巣。

クマノミズキの葉の裏には、双方向を向いた毛がある（⑭）。プロペラのような形なのでこれに柄をつけると竹とんぼになるが、毛の柄そのものはごくごく短い。しかし、植物のほうでは柄の長短にかかわらず、これをT字形と呼ぶならわしのようだ。ミズキやヤマボウシにも同じような毛があるし、カナムグラの茎の鋭い棘もこのT字形である。

⑤ーアカメガシワの葉の裏にある蜜腺はから蜜を吸うアリ

④ーオオバベニガシワには星状毛がなく葉身が赤く染まっている

⑦ーマルバウツギの花に来たハチの一種

⑥ーオオバベニガシワの蜜腺は葉の裏にあるとアリたちが教えてくれた

⑨ーコムラサキの若い枝の星状毛

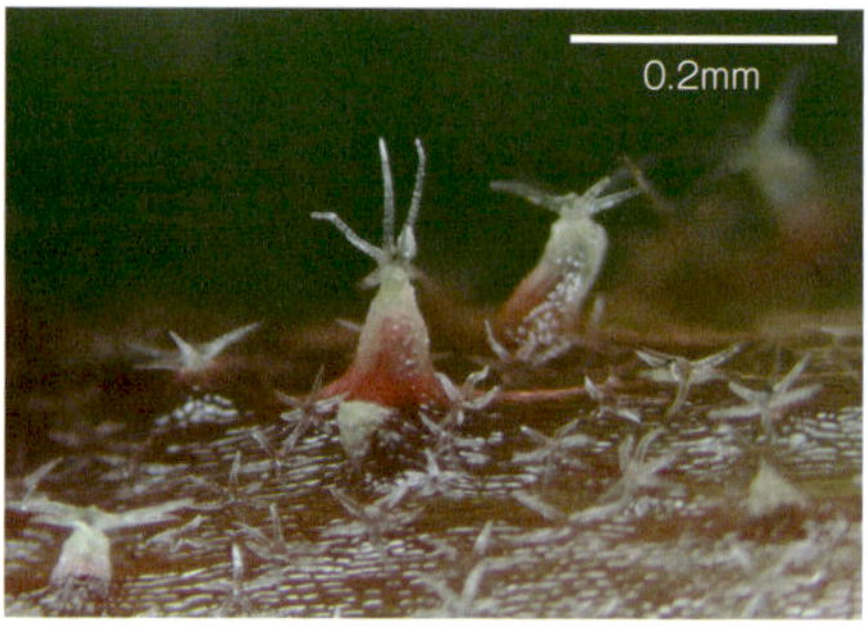

⑧ーマルバウツギの葉の裏は深海の風景のようだ

⑩ーキウイの葉の裏の星状毛

⑫ーエビヅルの葉裏の蜘蛛毛

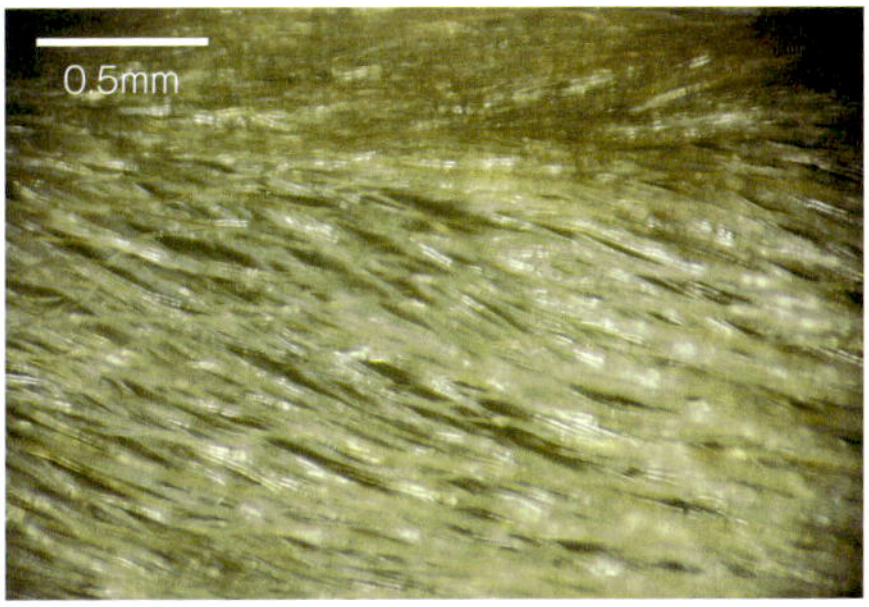

⑪ーシロダモの若い葉裏の毛は子犬の耳たぶのような手ざわり

⑭ークマノミズキの葉裏の毛は竹とんぼ形

⑬ーブドウの葉裏の蜘蛛毛

⑮ーカラスウリの葉の裏の毛。小さな先の丸い毛は腺毛

アカザ

ナツグミの実

⑮はカラスウリの葉の裏である。細胞が何個か縦に並んだ大きな毛に混じって、小振りで先の丸い毛が見えるだろう。この形の毛は「腺毛」で、先端の丸い部分が何かを分泌する腺組織だ。

グミの葉の裏は、白く粉を吹いたような地肌に茶色い斑点が混じり、独特の色調を作り出していて、それを見ただけでグミの仲間とわかる。⑯はナツグミの葉の裏、⑰はそれを拡大したもの。白と茶の鱗のような毛が混じり合っていて「鱗毛」と呼ばれる。鱗毛の形や分布はグミの種類によって違っていて、比べてみるとおもしろい。

シロザの若葉の表面は、粉を吹いたように白い。拡大してみると、こんな水玉模様が並んでいて見事である⑱。葉が展開するにつれて水玉の間隔が開き、表面のものは消えるが裏面には白い粉を吹いたように残る。アカザはこの水玉が赤い⑲。不ぞろいな林檎たち、という趣もあるが、それがかえって造形の妙というものだろう。この水玉は「嚢状毛」とか「粉状毛」と呼ばれ、毛の変形と見るようで、アカザ科の植物はこういう構造をもつ。いったい何が入っているのだろう。

アカザ科には、アッケシソウやオカヒジキなど、塩分濃度の高い海岸に生育する「塩生植物」がいくつもある。これらの中には、葉の嚢状毛に塩分を貯め込み、それを脱落させることで塩分を排泄するものがあるという。植物もおしっこをするのだ。その様子が見たくてオカヒジキの葉の表面を引っぺがして顕微鏡で眺めてみた。やはり袋のようなおもしろい構造体が並んでいるものの⑳、シロザやアカザのようなはっきりした目玉模様ではないし、これが嚢状であるかどうか、表面から見たのでは今ひと

ビロードモウズイカのロゼット

オカヒジキ

つはっきりしない。それに、表面の袋が塩分を排泄しているのかどうか、確かめた訳ではないので、確信がもてなかった。ところが、やはり海岸に生えるツルナの葉を何気なく見てあっと驚いた。

ツルナは、オカヒジキに似て海岸に生える。果実は海水に浮いて散布されるというが、葉は一見何の変哲もない格好である。ところが拡大してみると、こんな目玉模様がびっしりである㉑。この緑色の粒は若い嚢状毛で、白いものは古くなって脱落していくのだろうか。これは塩分の排泄に役立っているに違いない、と見た瞬間に直感した。嚢状毛をもつのはアカザ科だけではなかったのだ。

ビロードモウズイカというヨーロッパ生まれの帰化植物がある。葉に柔らかい毛が密生していてビロードの名はその手触りからきたものだが、モウズイカとは変わった響きの名だ。漢字で書けば毛蕊花、この仲間は雄しべに長い毛が生えていてこの名称がある。㉒はこの葉の縁の毛。長田武正『野草図鑑 8巻』(保育社)には、全草に黄白色の毛を密生、毛は段になって輪生状に枝をつけ、ほかに例がないのでルーペを使えば葉の切れはしでも同定できる、とある。たしかに、一度見たら忘れない、独特の毛だ。

こんなふうに、葉っぱの表や裏の表情は意外ににぎやかなのだ。

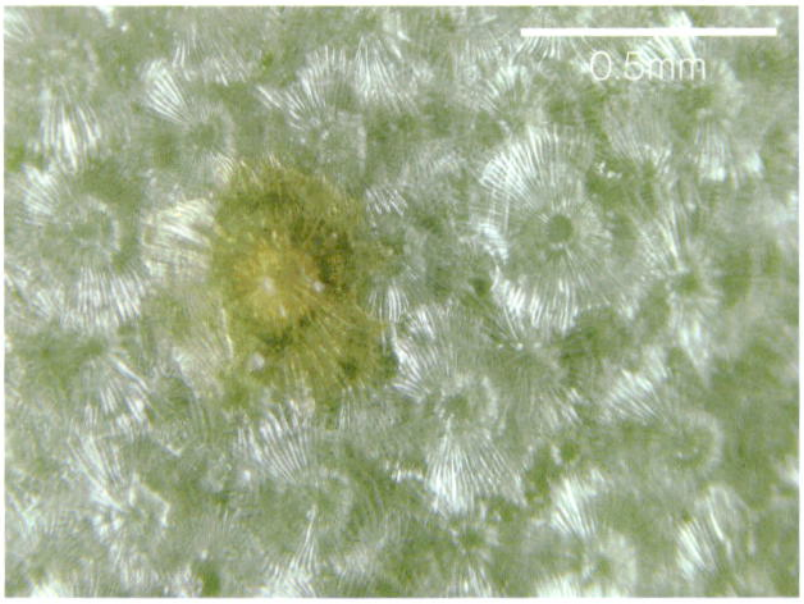

⑰ーナツグミの葉裏の鱗毛2種類

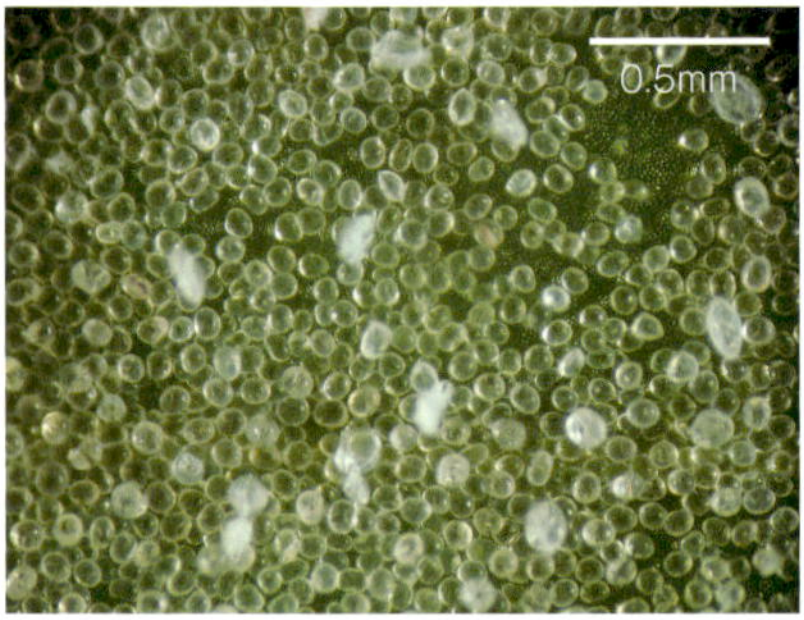

⑱ーシロザの若葉の表面に並ぶ嚢状毛

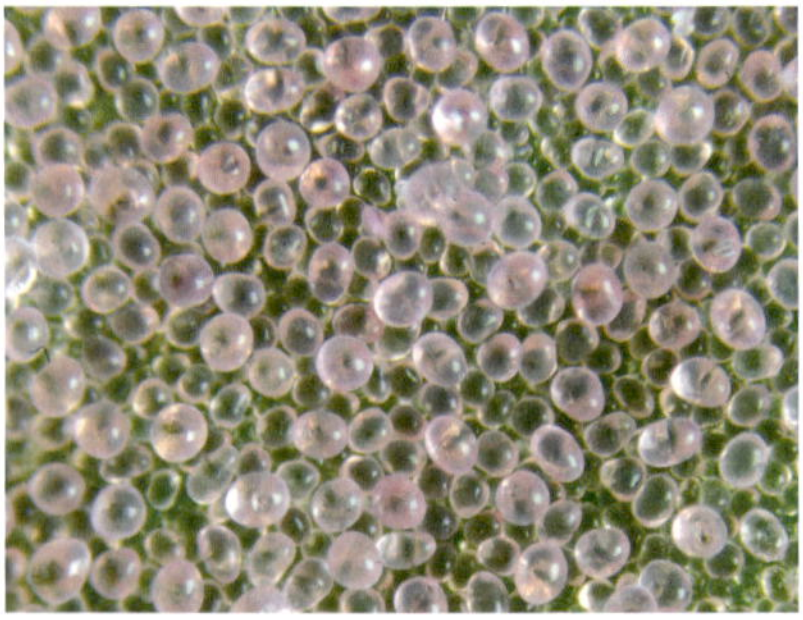

⑲ーアカザの嚢状毛

⑳ーオカヒジキの葉面

⑯ーナツグミの葉裏、鱗毛が密生している

㉒ービロードモウズイカの枝分かれした毛の群れ

㉑ーツルナの若い嚢状毛

㉓ーススキの葉の顕微鏡写真。右：葉の縁のガラスナイフ。中：葉の表面に散在するシリカボディ。左：葉の断面で、中にシリカボディが並んでいる

オヒシバ

プラント・オパール

少年の頃、夏休みになると川で魚と一緒に泳ぎ、野原でキリギリスと遊び、手足はススキの葉でひっかき傷だらけになった。ススキの葉の縁には、鋭いガラスナイフが並ぶ㉓。イネ科の植物は、土の中に溶けている珪酸を吸収し、葉の細胞でガラス質の植物性シリカボディに作り替える。そして、ついには細胞全体がガラス質で置き換わってしまう。つまりのこのナイフ1個が1個の細胞でできている。人がガラスを作るには、土の中の珪素化合物を高温で処理しなくてはならないが、植物はこれを簡単にやってのける。このナイフのような形は、イネ、ササ、カヤツリグサなどの葉の縁や、メリケンカルカヤやオヒシバの実の表面、メヒシバの花序の軸など、いろいろな場所でさまざまな大きさのものが見つかる。また、ナイフ状のものばかりではなく、葉の表にも裏にもさまざまな形の微細なシリカボディが整然と並んでいる(㉔中)。㉔下は葉の断面で、内部にもシリカボディが並んでいるようだ。細長い葉がまっすぐ立っていられるのは、このシリカボディのおかげである。もう1例、オヒシバの果実の表面をご覧いただく(㉔)。こんなところにもガラスナイフが並んでいる。ガラス質は安定なため植物が枯れても土の中に長く残り、プラント・オパールと呼ばれる。その形態から植物の種名を特定できるものもあり、古い地層の中のプラント・オパールを分析することで、そこで稲作が行われていたかどうか、どんな植物が生えていたかを知る手がかりになる。これらのシリカボディは、主として考古学上の視点からイネについ

トキワツユクサ

ムクノキ

ての形態研究が進んでいるが、イネ科やカヤツリグサ科のほか、シダ、コケ、カシなどの樹木の葉の表皮や維管束細胞にも見られるという。

トクサの茎の表面はざらざらしている。昔、これで貴金属、あるいは髪の毛や爪などを磨いて艶《つや》を出すのに使われた。茎の表面には、やはりシリコン質を含む三角形の突起が並ぶ(㉕)。トクサ科のスギナもシリコン成分を蓄積し、強度の保持や乾燥防止に役立てている。トクサは研ぐ草。やわらかな髪を磨いても傷がつかない、最高品質のサンドペーパーである。

ざらつく葉、痛い葉

ムクノキの葉の裏はざらざらしていて、昔からこれを漆器の木地や象牙などを磨くのに使われた。裏を拡大してみると、こんな剛毛が並んでいる(㉖)。この剛毛にも珪酸質(シリカボディ)が沈着していて、良質のサンドペーパーになる。ざらつき具合には案外個体差があり、よくざらつく葉を選んだり、わざわざ取り寄せたりして使うのだ、という話はなるほどと納得がいく。

トキワツユクサの葉の裏は、ざらつくというほどではないが、ほんのわずか指に引っかかるような感触があり、ルーペで見ると無数の白い点が並んでいる。拡大してみるとこれは気孔だった。孔辺細胞が角張ってやや突出しているのだ(㉗)。気孔を見る標準的な方法は、葉の裏の表皮を1層はがすのだが、そうすると突出の具合がかえって

トクサ

㉔ーオヒシバの実をつつむ苞。の表面に並ぶガラスの刃

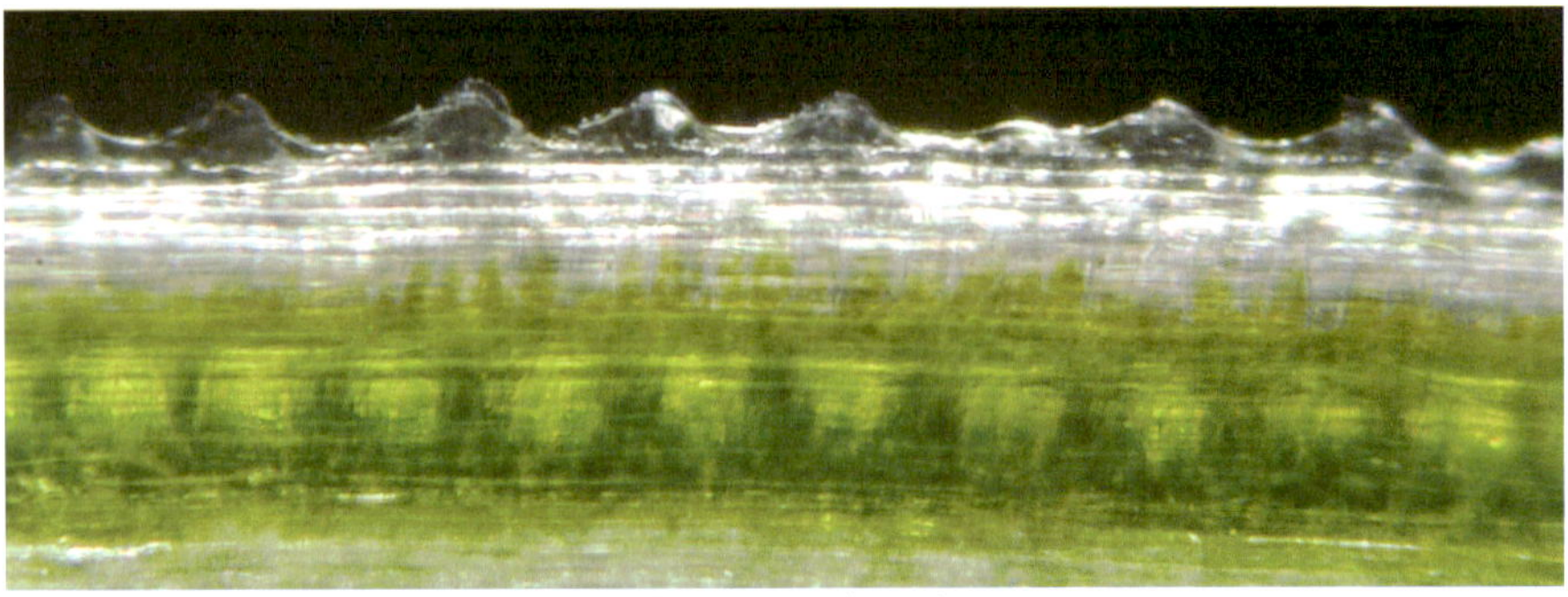

㉕ー昔サンドペーパーとして使用されたトクサの茎にもシリカボディが

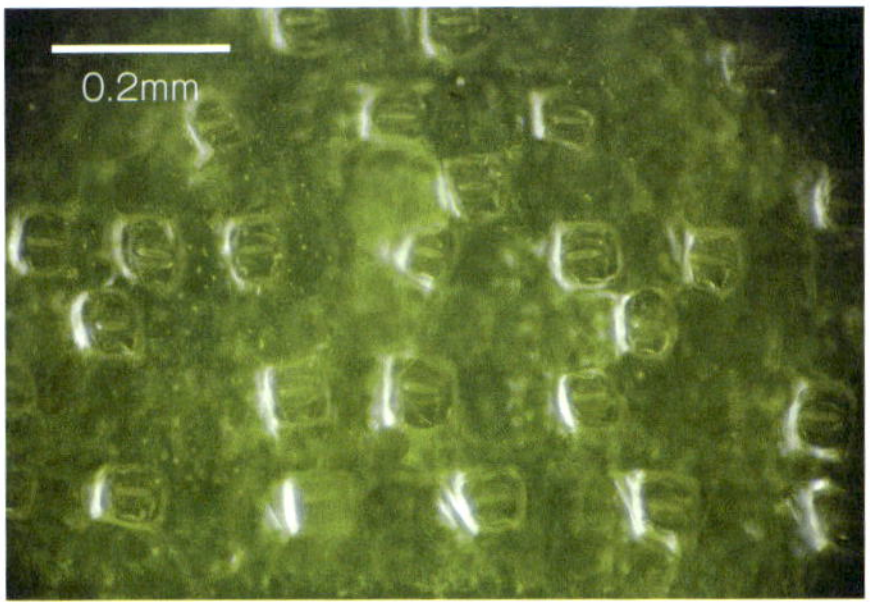

㉗ートキワツユクサの葉裏。突出しているのは気孔

㉖ーシリカボディが沈積した毛が密生するムクノキの葉

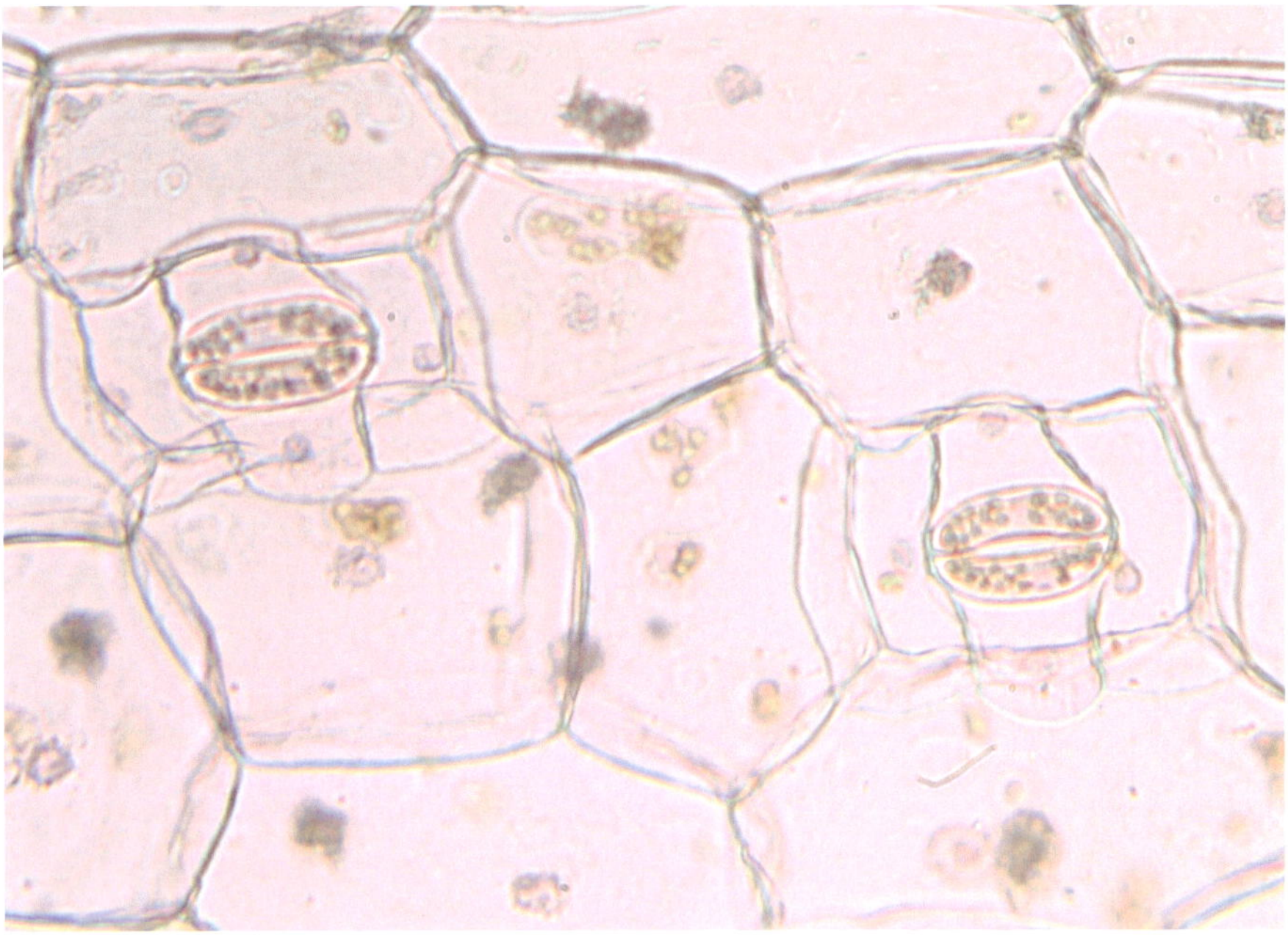

㉘ートキワツユクサの葉裏の表皮をはがし気孔(唇形のもの)を見る

㉙ーネコノシタ。葉は猫の舌のようにざらつく

イラクサ

わかりにくくなる㉘。人間の指先の感覚の鋭さに驚く。

葉がざらつく、といえばこれを外すわけにはいくまい、というのがその名もネコノシタ。海岸に生えるキク科の植物で、別名ハマグルマ。夏から秋にかけて黄色い花を咲かせる㉙。猫に舐められた経験のある人は、あの感触がおわかりだろう。舌のざらざらはおろし金みたいな役目をしていて、噛み砕いた骨から細かい肉をこそげ取るのに役立っている。猫の歯は骨をすり潰すようにはできていないからだ。植物の猫の舌は猫も顔負け、こんなすごい棘である㉚。これは表だが、裏も似たような景色。ざらつく訳だ。

イラクサの葉にうっかり触って痛い目にあった人もいるだろう。茎や葉の表面には毛のような棘がある。太くて立派なものや細いものが混じり合っている㉛、㉜。太い棘を見るとわかるが、基部には嚢状の構造があり、アセチルコリンとヒスタミンを含んだ液体が入っていて、これが強い痛みの原因である。

２００７年９月の新聞によると、奈良公園のイラクサは棘の数が通常のイラクサに比べて平均で50倍以上も多いという。これは奈良女子大の研究グループが明らかにしたもので、これによって奈良公園のイラクサは、鹿に食べられずにすむそうだ。イラクサの棘は葉が成長すると脱落するものが多く、棘の少ないイラクサは鹿に食べられてしまうらしい。奈良公園の鹿は約１２００年前に鹿島神宮から連れてこられたと伝えられる。この年月の間に、棘の少ないイラクサは鹿に食べられ、棘の多い個体が生き残って増えるという淘汰圧がかかったようだ。１０００年以上の歳月をかけた自然の実験である。
また、奈良公園には「ささやきの小径」と名づけられた散策路があり、このあたりにはアセビが多い。アセビには、もともとアセボトキシンなど呼吸中枢を冒す成分が含まれるため、鹿に食べられずに数が増えたといわれる。

腺点と毛茸《もうじょう》

ムラサキシキブの葉の裏には、アカメガシワで見たのと同じような黄色い腺点がある。㉝はコムラサキのものだが、クリスタルカットのように美しいので、拡大写真（㉞）もご覧いただく。このような腺点は精油成分を分泌していることが多いというが、ムラサキシキブが何を分泌しているのか、残念ながら突き止められないでいる。ただ、意外なことにこれは有毒植物のようで、葉の成分には微生物、魚、ほかの植物などを殺す作用があり、成分分析についてもたくさんの論文がある。そのうちのどれかが腺点から分泌されているのかもしれない。腺点はいろんな植物体の各所に見られ、大小さまざまな形態のものがあるが、手近なところではカナムグラの葉の裏（㉟）や、若い茎にもこんな腺点がある。

クサギの花は芳香を放ち、クロアゲハなど大形の蝶がよく訪れる（㊱）。花は開花後、雄性期→両性期→雌性期（※）という変化をたどるということだ。㊲の花は、雄しべがすでにくるりと巻き込んでいて、雌しべだけが出ている雌性期ということになるが、

【両性花の性変化】
1 個の花に雄しべと雌しべがある花を両性花という。両性花で自分の花粉が雌しべにつくと近親交配になる。そこで雄しべと雌しべが時間差で熟して近親交配を避ける花もある。雌しべが熟す時期を雌性期、雄しべが熟す時期を雄性期、ともに熟す時期を両性期という。

㉛ーイラクサの毒入りの太い刺

㉚ーざらつくのは細かいしわのある刺々のため

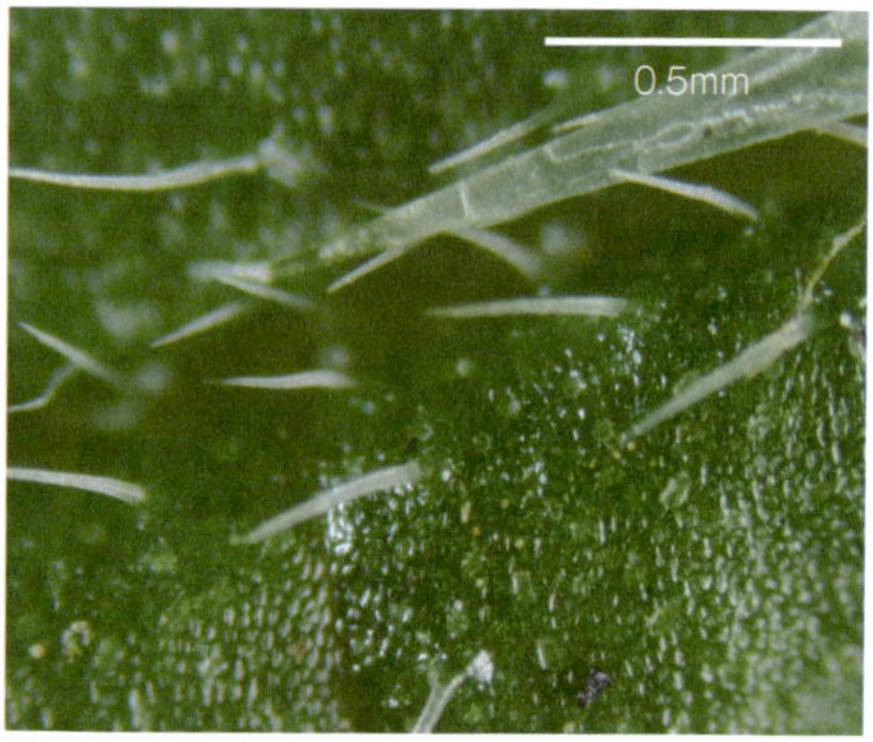

㉜ーイラクサの細かい毛

㉝ーコムラサキの葉裏には金色の腺点が

㉟ーカナムグラの葉の裏にもコムラサキのに似た腺点がある

㉞ー腺点をアップにするとクリスタルのように美しい

㊱ークサギの花はよい香りを放つ

㊲ークサギの葉。丸いカプセルには苦味物質がつまっている

【性フェロモン】

フェロモンとは、動物体内でつくられて体外に分泌され、同種個体間に情報を伝達して一定の行動などを促す物質の総称。このうち、配偶行動において異性の誘引や交尾の促進などをつかさどるものを性フェロモンといい、とくに昆虫類にさまざまな例が知られている。

㊳ーセグロカブラハバチ

長く突き出た雌しべが印象的だ。赤い萼と青紫の実のコントラストもおもしろい。ただ、葉に異臭があり、それで臭木となった。少々品のない例えだが、ビタミン剤を飲んだあとのおしっこのにおい、とでも言おうか。葉の表を見ると、まばらな多細胞毛の間に、丸いマッシュルームのような突起がある(㊲)。この突起も毛の変形と見るようで毛茸と呼ばれ、クレロデンドリンという苦味物質群を出していることが突き止められている。このクサギの葉には、カブラハバチの仲間がよく集まる。カブラハバチの幼虫は、その名の通りカブラのようなアブラナ科を食草とするが、成虫は雌雄ともにクレロデンドリンに強く誘引されてクサギの葉に集まる。㊳はセグロカブラハバチで、体長1センチに満たないハチである。このハバチ類はクレロデンドリンを大量に摂取し、体表が苦くなるという。それゆえ、ヘクソカズラのところでも述べたように、このハバチは苦味や異臭のある物質をため込むことで外敵から身を守っているのだろうと想像されていた。ところが、京都大学のグループによるその後の研究で、クレロデンドリンの中には、雌の雄に対する誘引力を高めたり、雄の性行動を促進したりする、性フェロモン(※)の働きをするものがあることがわかってきたという。植物と昆虫の関係も奥が深い。

葉っぱの撥水《はっすい》加工

ハスやサトイモの葉は、水滴をコロコロはじく(㊴)。小学生の頃に習字の時間があり、サトイモの葉の上にたまった水で硯《すずり》を擦《す》ると字が上手になる、という子どもらしい迷信があって、登校の途中でサトイモの水滴を集めたものだった。字が上手になったかどうかは疑問だが、この撥水加工にはどんな秘密があるのだろうか。

サトイモの葉の表面を顕微鏡で見てもなんだかよくわからない。それで、表皮の組織を一層薄くはがしてみたら、やっと正体が見えはじめた。丸い小さな粒が整然と並んでいる(㊷)。葉の断面を見たのが㊵の写真で、表面はやや斜め横が見たアングルになっているが、丸い粒がまさにびっしりである。

電子顕微鏡で見ると、葉の表面に多角形の表皮細胞が並び、中央部が丸く突出した構造になっていて、表面はワックスで覆われているという。そのため撥水機能が強いばかりでなく、汚れも落ちやすいそうだ。光学機器メーカーのカールツアイスは、ハスの葉の表面を真似た構造でコーティングしたガラスを使った眼鏡や双眼鏡をすでに実用化している。このマイクロテクノロジーはハスの英名LotusからLotoTechと名づけられた。もちろん、ほかのメーカーでも撥水コーティングの開発は進んでいる。自然界からヒントを得たテクノロジーは調べてみるといろいろあっておもしろい。

雨の日に散歩しながらいろいろな葉っぱを眺めていると、よく水をはじくものと、まったくはじかないものとがあることに気づく。何でもないことのようだが、カタバミの仲間の葉の表面も水滴が粒になる(㊶)。撥水機構としては、サトイモの葉のような微細構造のほか、毛、ワックス、クチクラ、精油などが考えられるが、カタバミはどうだろう。葉の表面を薄くはがしてみると、あっと驚く景色が見えてくる。サトイ

㊴ー水滴をはじくサトイモの葉

㊵ー斜め上から見たサトイモの葉の断面

㊶ーカタバミの葉も水をはじく

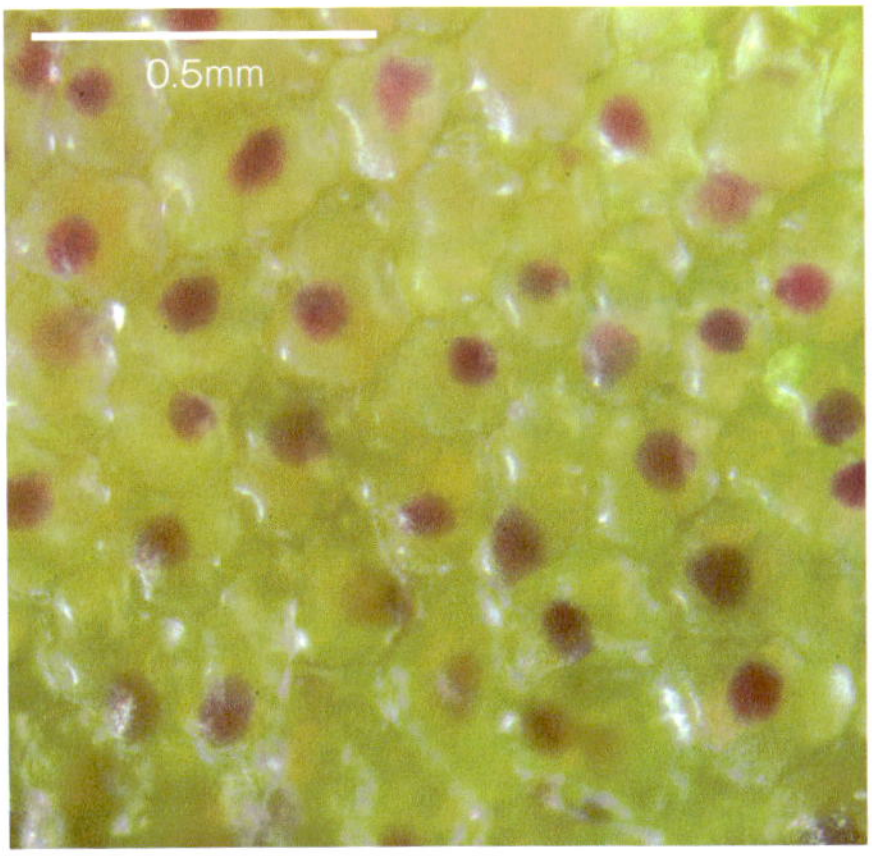

㊸ーウスアカカタバミ。類縁関係の遠いサトイモと同じ構造だ。葉の表面には丸いふくらみが並び撥水機能をはたす

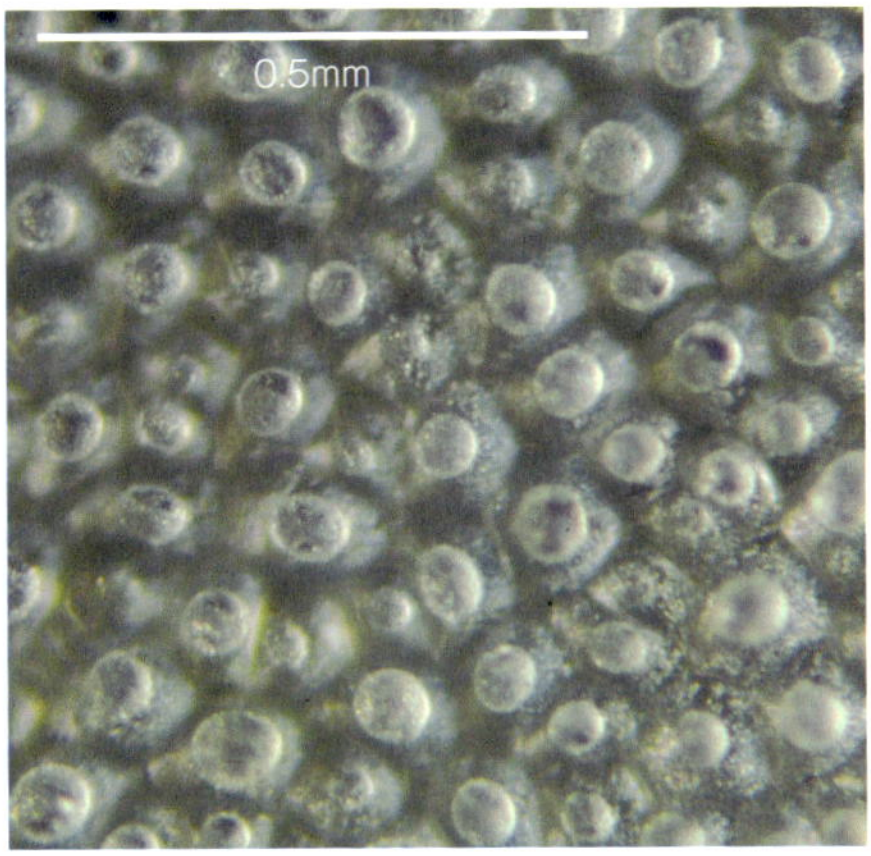

㊷ーサトイモの葉の表面

㊺ー雨の日のメヒシバの茎

㊹ーキンエノコロの葉。やはり水をはじく

㊻ーキンエノコロの葉の表面に並ぶシリカボディ

モとまったく同じように多角形の表皮細胞が並び、中央部が丸くふくらんでいるのだ㊸。しかもこのカタバミは、葉が赤みを帯びることからウスアカカタバミと呼ばれるタイプだが、なんと丸いふくらみの部分が赤いのだ。これがカタバミの葉だと想像がつくだろうか。電子顕微鏡を使えばもっと詳しい微細構造がわかるだろうが、この色は出ない。

ハスやサトイモとカタバミでは植物としての系統もまるで違うし、葉の質も違う。それなのに彼らは、撥水のための似たような微細構造を発達させた。一方、アカメガシワとオオバベニガシワの葉で見たように、類縁関係が近くても微細構造が違うものもある。進化の不思議。

キンエノコロ㊹やメヒシバ㊺といったイネ科の葉や茎も水をはじく。これはプラント・オパールのところで述べたように、シリコン・コーティングの効果によるものだ。㊻はキンエノコロの葉の表面で、ススキと同じようなシリカボディが整然と並んでいて、この微細な粒が水をはじくのだろう。

日本古来の雨具である簑や笠は、ワラ、カヤ、スゲなどの植物素材を使って作られた。身につける雨具は防水はもちろんだが、通気性も大切である。その意味では、天然素材を雨具に使うのは理にかなっているが、機能的には万全とは言い難い。現代のテクノロジーは、空気は通すが水は通さない、という繊維をとっくに開発していて、登山用の雨具などに利用されている。植物の撥水加工の仕組みを気をつけて調べたら、おもしろい例がもっと見つかるかもしれない。

心に似た花——ツユクサ

心といふ字に似た花がわたしのうちに咲きました

これは、吉川英治さんが嫁ぎ行く長女に書き与えた「童女般若心経」の冒頭の一節だという。父親の目には、娘はいつまでも童女である。「心」の字に見えるのは、雄しべと雌しべの絶妙の配置のせいだ。「子どもたちがツユクサのことをミッキーマウスの花と呼んでいます」と伺ったのはずいぶん前のことだが、なるほど、と感服した記憶がある。目立つ2枚の花びらは大きな耳、そして目鼻やひげまでついている。

青い花をつける野草といえば、早春、星をちりばめたように咲くオオイヌノフグリ、そして夏から秋まで咲き続けるツユクサ(①)が双璧だろう。オオイヌノフグリはコバルト・ブルー、空の青。対してツユクサはマリン・ブルー、海の青とでも言おうか。徳富蘆花は『みみずのたはごと』に、「つゆ草を草と思ふは誤りである。花ではない、あれは、色に出たつゆの精である」と記している。

①一心という字に似た花をつけるツユクサ

雄しべと雌しべ

さて、ツユクサの花の雄しべと雌しべを見分けるの

③ー雄花のアップ。矢印は退化した雌しべ

② ーツユクサの花には香りも蜜もなく、昆虫に提供するのは花粉だけ

④ー3種類の雄しべ(上段)と花粉(下段)。上の雄しべ。花粉は不完全で受精能力がない

中の雄しべ

下の雄しべ

は、案外むずかしい。まず、雄しべから眺めみる。ミッキーマウスの目鼻、「心」という字の点々のあたりに黄色い雄しべがある。上に3本、中央部にちょっと形が違うのが1本。この4本は黄色くて目立つ。さらに、ミッキーのヒゲのように下に伸び出した雄しべが2本、こちらの葯は茶褐色で目立たない。つまり雄しべは合計6本ある。そして、下の2本の雄しべの間から伸びているのが雌しべである②。

ところが、雌しべが見つからないことがある。じつは、雌しべが退化して短くなり、雌しべとしての機能を失った花なのだ③。雄しべと花粉は健在だから、これは「雄花」ということになる。ツユクサでは、こういう「雄花」が全体のほぼ4分の1を占める。

次に、3種類の雄しべと、それぞれの花粉を顕微鏡で調べてみよう。④上は、左から順に上、中、下の雄しべを比較したもので、下列がそれぞれの花粉(左下の1目盛りのスケールは1/20ミリ)である。上の3本の雄しべは蝶のような形の黄色い飾りとなり、左右両脇にごく少数の不完全な花粉が入っている。蝶のような、と言うより、昆虫の目には黄色い4弁の花に見えないだろうか。中の1本と下に伸びた2本の雄しべは花粉を作る。中の雄しべの花粉は下の雄しべにくらべてやや小形で、花粉の数は約60%ほどと少なめだが、どちらの花粉にも受精能力がある。

昆虫を呼ぶ

ツユクサの花には香りも蜜もなく、昆虫に提供するご馳走は花粉である。ところが、

【同花受粉】
ひとつの花の中で花粉が直接雌しべについて受粉すること。同一個体間の受精なので近親交配の不利点がある半面、他の花から花粉が運ばれるのを待つより高い確率で受粉し、確実に種子が作れる利点がある。積極的に同花受粉を行う花もあり、特に一年生雑草に多い。

最も目立つ上の3本の黄色い雄しべは完全な花粉を作らず、虫を誘うための飾り、いわば広告塔だ。中の雄しべは飾りが半分。そして花粉をたくさん作る下の雄しべは、最も目立たない色と形をしている。つまり、よく目立つ黄色い雄しべで昆虫を誘っておいて、下の目立たない雄しべの花粉を昆虫の体にくっつけようという、なかなか手の込んだ仕掛けである。受粉用の花粉は、なるべく昆虫に食べられたくないからだ。

ツユクサの花には、ヒラタアブやコハナバチが訪れる⑤。首尾よく上の飾り雄しべに来てくれれば、ツユクサの苦心は実ったわけだ。しかし虫たちは、目立たないはずの下の雄しべからもちゃっかりと花粉をご馳走になっていく。花粉を媒介してもらうのだから、この程度の報酬は差し上げても仕方があるまい。ほどよいギブ・アンド・テーク、それが生態系のバランスを保つ上での心得というものだろう。

同花受粉も

昆虫による媒介のほかに、ツユクサの花は開花時にすでに同花受粉(※)している。⑥は開花が始まったところで、雄しべの葯から花粉があふれ、雌しべの柱頭にはすでに黄色い花粉がついている。花は半日の間開いて虫の訪れを待ち、閉じるときに雄しべと雌しべがくるくると巻き上がり⑦、このときに再び雄しべと雌しべが接触する。咲き終わる頃の柱頭には、花粉がびっしりとついている⑧。これらは割とよく知られていて、ツユクサの花はもっぱら同花受粉に頼っている、と単純に言われがちだが、

⑤ー蜜を分泌しないが、花粉を目当てに昆虫が訪れ、受粉を助ける。上：ホソヒラタアブ。下：コハナバチの一種

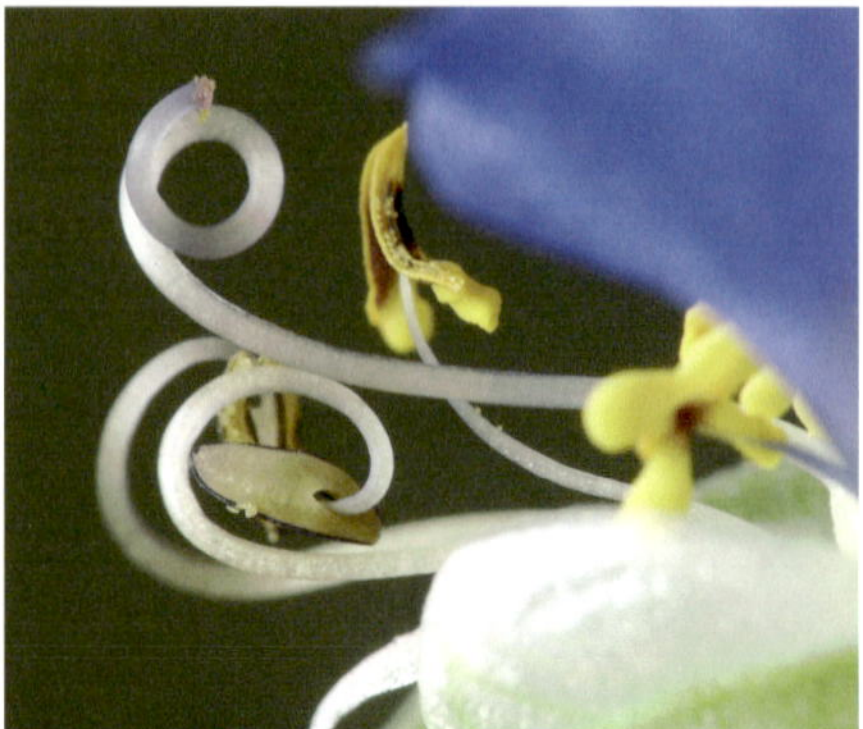

⑦ー閉じはじめた花。雌しべや雄しべが巻き込みはじめている

⑥ー開花しはじめた花

⑨ー若い実の断面。4室に区切られている

⑧ー楕円形で黄色い花粉がびっしり付いた柱頭

⑪ー上の雄しべの花糸がブルーで美しい

⑩ー土にまぎれ鳥などに発見されないよう、色も形も土くれだ

実際には、同花受粉という保険をかけた虫媒花だと言うべきだろう。

子房を縦に切ってみると、部屋が4つに分かれていて⑨、この中に1個ずつ種子が作られる。ツユクサの仲間の種子は、こんなふうに凹凸のある土偶のような独特の形をしている⑩。雄花では子房が発達せず、もちろん種子もできない。

ツユクサの開花は、8月中旬の横浜あたりだと午前4時半ごろになる。何日か早起きしてさまざまなアングルから花を眺めてみて、あらためてツユクサは美しい花だと思った。お気づきでしたか。3本の上の飾り雄しべの柄の色が、ほら、花びらと同じこんなに美しいブルーなのを⑪。

花の中の花園――ヘクソカズラ

①ーヘクソカズラの花

道ばたのフェンスにからまったヘクソカズラが、今年もよく咲いている(①)。草全体に独特の臭気があるにはあるが、それにしてもかわいそうな名前がついたものだ。ただしこの植物、「くそかずら」の名で古く万葉集にも登場する。これに「屁《へ》」までついたのは後年のことらしい。

皂莢《そうきょう》にはひおほとれる屎葛《くそかずら》絶ゆることなく宮仕へせむ　高宮王《たかみやのおおきみ》

皂莢とはサイカチの漢名、とわかればあとは比較的解読しやすい。サイカチにまとわりついて伸びて行く屎葛のように、絶えることなく宮仕えをしよう、という意味になる。今ひとつ冴えない歌だが、自らをくそかずらに例えたあたりは、現代サラリーマンの哀感にも通じる、と読めないこともない。

ヘクソ食う虫

悪臭の元凶はペデロシドという物質で、これが分解してにおいを出す。屁出ロシドと覚えておけば比較的忘れにくい。ヘクソカズラの中国名の鶏屎藤《けいしとう》も「鶏の糞のつる」の意。近年にヘクソカズラが帰化した米国ではskunk vineまたはstink vineと呼ばれる。vineの原義は「ブドウ」だが、和名の「カズラ」、中国名の「藤」と同じく、「ツタのようなつる植物」を指す。skunkはご存じ「スカンク」、stinkは「悪臭」。よくよ

③ー葉を食害するチャイロハバチ幼虫。体は黄色く、頭に近い部分にこぶ状の突起がある

②ー茎で吸汁するヘクソカズラヒゲナガアブラムシ。体はオレンジ色で足と触覚が黒い

④ー花を訪れ、花粉をつけて飛び去るまでのコハナバチの行動

く名前運に恵まれない植物、と同情のほかない。サオトメバナという優雅な別名もあるが、どうも定着しないようだ。花を上から見るとお灸の跡のように見えるところからヤイトバナの名もあり、私はこの名が好きだ。ヤイトとはお灸のことで、子どもの頃、悪さをするとよくヤイトを据えるぞ、おどかされたものだ。しかし、ヤイトはもはや死語か。

植物に含まれる有毒物質、苦味物質、不快なにおいなどは、植物自身が身を守る手段だと考えられる。ところが、これらの物質を摂取して体内に蓄積し、それによって身を守る昆虫がいる。ウマノスズクサを食べるジャコウアゲハや、キジョランを食べるアサギマダラなどがよく知られている。ヘクソカズラにもこれを食べる虫がいる。茎の汁を吸うヘクソカズラヒゲナガアブラムシ②、葉を幼虫の食草とするチャイロハバチ③、そのほかホウジャク類なども知られている。ヘクソカズラヒゲナガアブラムシについては京都大学グループの研究があり、体内にペデロシドが蓄積して体表が苦くなることが確かめられ、これによって天敵であるテントウムシによる捕食から免れていると考えられている。

ハチによる受粉

ヘクソカズラと密接な契約を結んでいるハチがいる。コハナバチ類で、直径5ミリほどの花の筒にすぽっと潜り込む。サイズがジャストフィットしていて、完全に潜り

⑤ー花で吸蜜するツチバチのなかま

込むとお尻しか見えない。そして花粉にまみれて出てくると次の花へと飛んで行く。最後の後ろ姿が映画でいうラストシーンの名場面、これを省くわけにはいかないので、連続写真でご覧いただく(④)。時たま、もう少し大形のハチが訪れることもある。⑤はツチバチで、どう見てもサイズ不適合だが、それでも体を複雑骨折みたいに折り曲げて蜜を吸う。ハチのおかげで小さな球形の実がみのり、秋には黄褐色に色づく。外側を包んでいるのは萼《がく》が残ったもので、中には黄褐色の皮をかぶった黒い種子が2個入る(⑥)。

花の中の花園

どちらかというと厄介者扱いされることの多いヘクソカズラの花の中を、しげしげと眺めてみたという人は少ないだろう。しかし、ハチになったつもりで花の筒の中を探検してみると、まるで花の中にもうひとつ秘密の花園が隠れているかのような、思いがけない世界を見ることができる。

まず、花の断面を見てみる(⑦)。花筒の基部には毛があり、その下に蜜と子房が隠れている。花にはシミのような小さな虫が入り込んでいることが多く、この毛はそれらの虫から蜜と子房をガードしているのだろう。この毛をくぐり抜けて蜜を吸うことができるのは、ハチの口だけである。雄しべは5本、上下2段に分かれて花筒についている。花の内側はなんとなく毛むくじゃらだ。雌しべは下のほうでは1本、途中で

⑥ー実と種子
上：実。茶色の皮はガク筒に由来し、
甘い果肉が入っている
下：半球形で褐色の種子と、
乾燥して黒く変色した果肉をかぶった種子

⑧−２裂する雌しべ（花筒を引っぱって取り除いたところ）

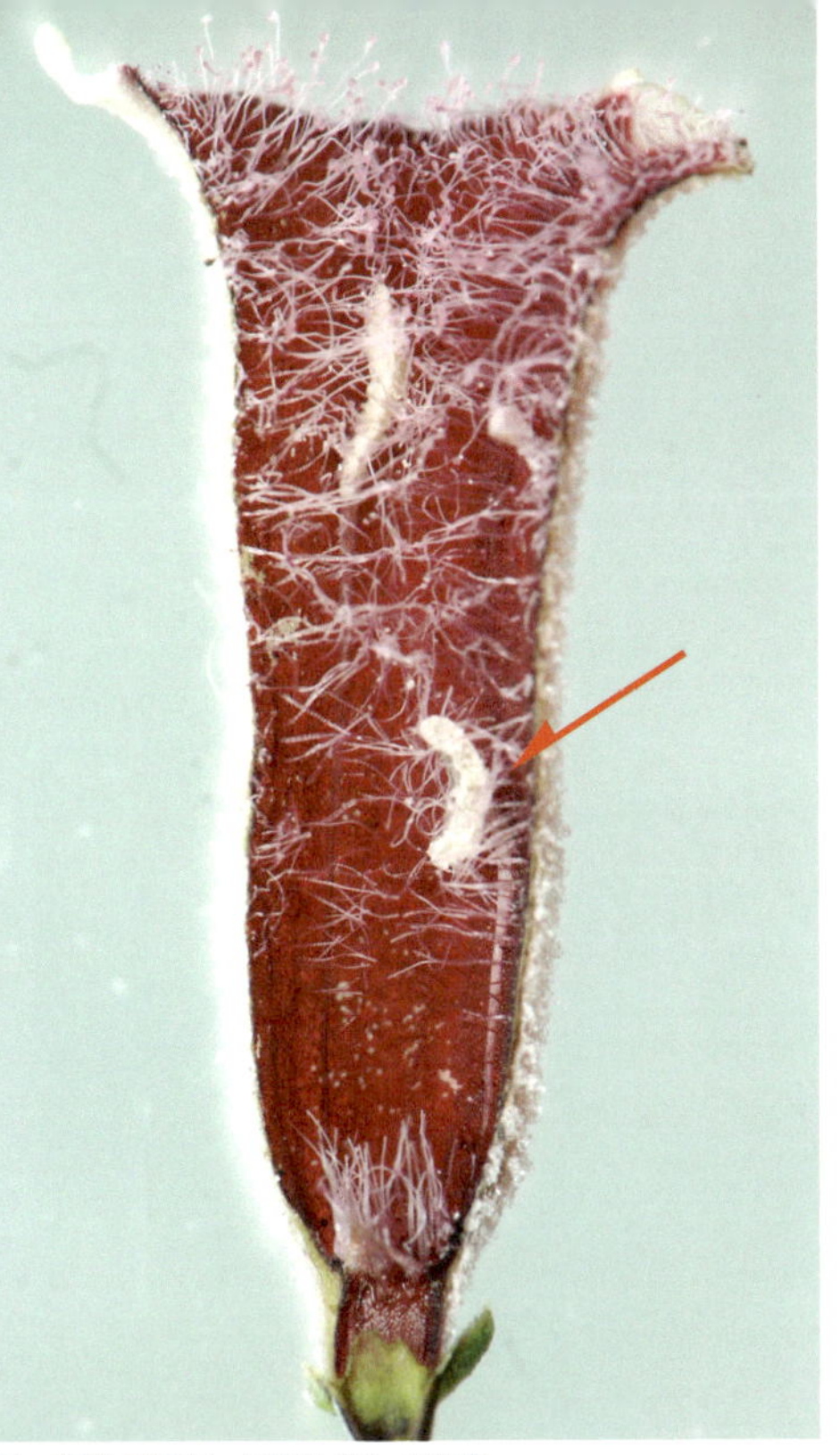

⑦−花筒の断面。矢印は雄しべの葯

⑨−花筒の内側上部に密生する腺毛

2裂し、先端の柱頭部は花の入り口から少し顔を出している⑧。

さて、花の内側の毛むくじゃらを拡大してみると、そろそろ秘密の花園が見えてくる⑨。これはまたなんという景色だろう。この形の毛は「腺毛」と呼ばれて、ふつう何かを分泌しているが、この毛も粘液を分泌していると思われる。次に、花筒の中の雌しべの花柱を見てみる⑩。右下に見えるのが雄しべの葯で、花粉が溢れている。中央を縦に走っている花柱にも花粉がびっしりとついている。腺毛から出た粘液が花粉の付着を助けているのだろうか。ヘクソカズラの花は夏の間、咲き続けるように見えるが、ひとつの花は案外短命で、朝開いて翌日の昼には下を向き、そして花びらは落ちてしまう。雄しべは早めに花粉を出し終えてしおれるが、花粉はなくならずに雌しべの花柱、一部は腺毛にも付着して残る。限られた時間内で受粉の効率を高めるための仕組みといえるかもしれない。

花から少し突き出ている柱頭も、蛇が鎌首をもたげたような異様な構造だ⑪。ただし、この意味はわかる。蛇の鱗のようなイボイボは乳頭突起で、ここに花粉を引っかける仕掛けである。さらに、花の外側を見るとまた不思議な構造がある⑫。花の表面は白くてやや凹凸があるような印象があるが、拡大してみるとビーズ玉のような突起が並んでいる。このように外見は単純そうでいて、花の中の世界のほうがずっとおもしろい。直径5ミリにも満たないヘクソカズラの花は、まだ役割のわからないさまざまな微細なアクセサリーを身につけていて、微細構造だけを見てもまだまだたくさんの秘密が隠れているような気がする。未解決の課題が多い魅力的な観察材料である。

アリを呼ぶ

ヘクソカズラの葉や茎の上を、いつもアリがせわしげに往来している。たまに花に潜入を試みるのもいる⑬。ただし、これは間抜けなアリで、筒の入り口の粘毛に阻まれてせいぜい頭を突っ込むのがやっとで、蜜をなめることはできない。もっと賢い大多数のアリは、花の付け根、萼のあたりを嗅ぎ回っている。なぜか。その答えが⑭である。花が落ちるときに萼が露出するので、そこに残った蜜がお目当てなのだ。ニワトコ(69ページ)でも触れるように、アリは害虫を駆除してくれるガードマンだという考えがあり、そうだとすると、花が落ちたあとの蜜の廃物利用でアリを集めれば、これはまことに巧妙な防衛戦略ということになる。

ヘクソカズラはすでに臭気や苦味という防衛手段をもっていて、その上なおアリまで呼び集めようというのだろうか。見れば見るほどに、この花タダモノではない。

⑪ー雌しべの柱頭（花粉が付着している）

⑬ー花をのぞき込むアリ

⑭ー花冠が落ちたあと、萼に残った蜜をなめるアリ

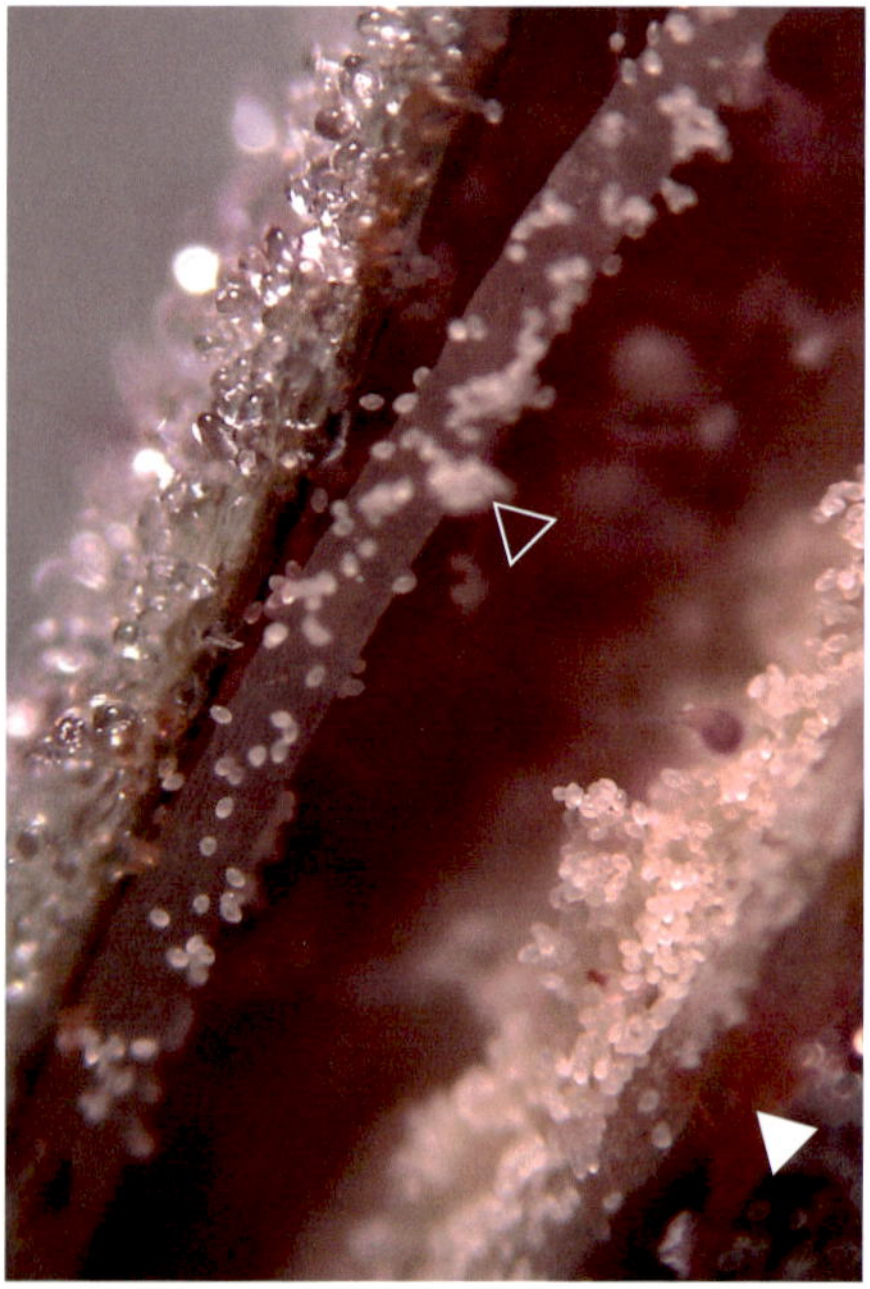

⑩ー花の断面。△は雌しべの花柱（花粉が付着している）、▲は雄しべの葯

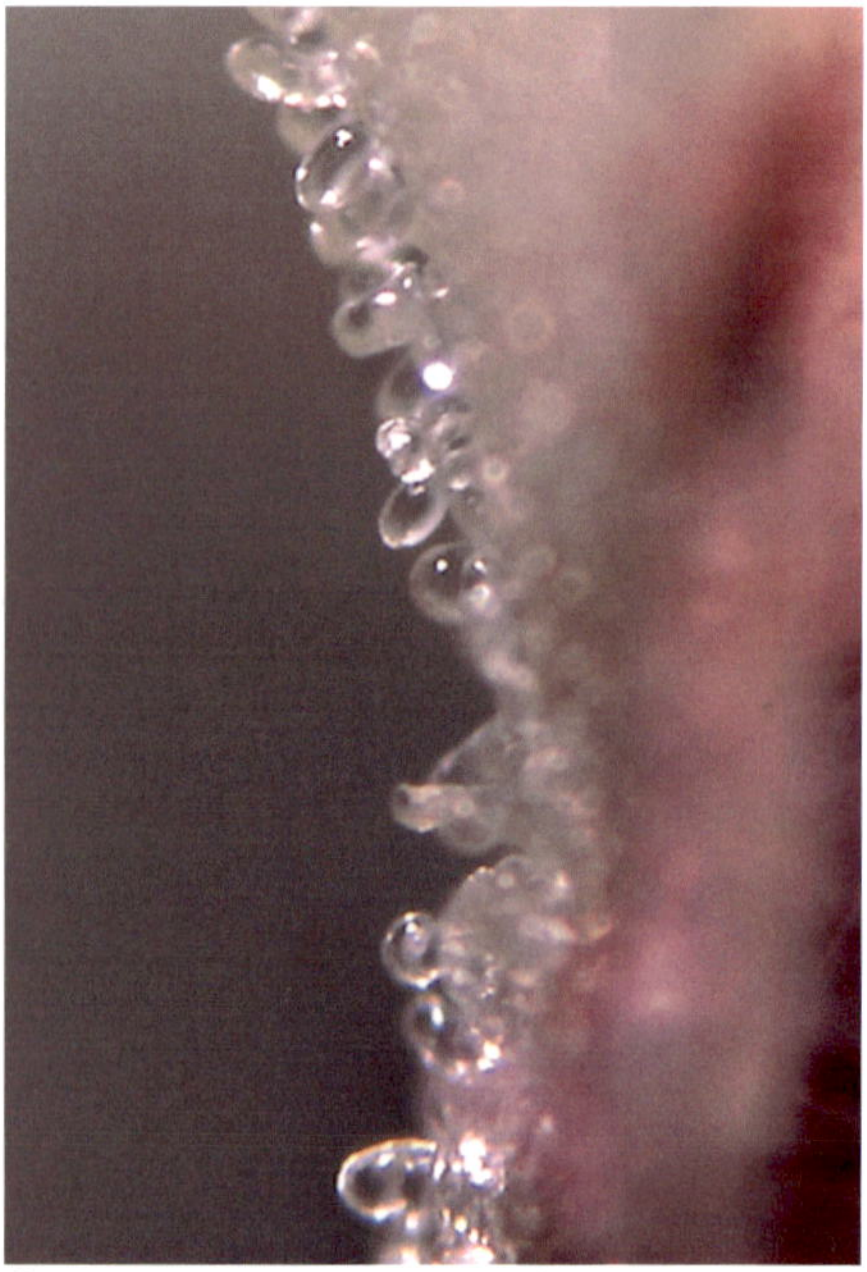

⑫ー花冠の外側の表面に並ぶビーズ玉状構造

三億年の記憶――ツクシ

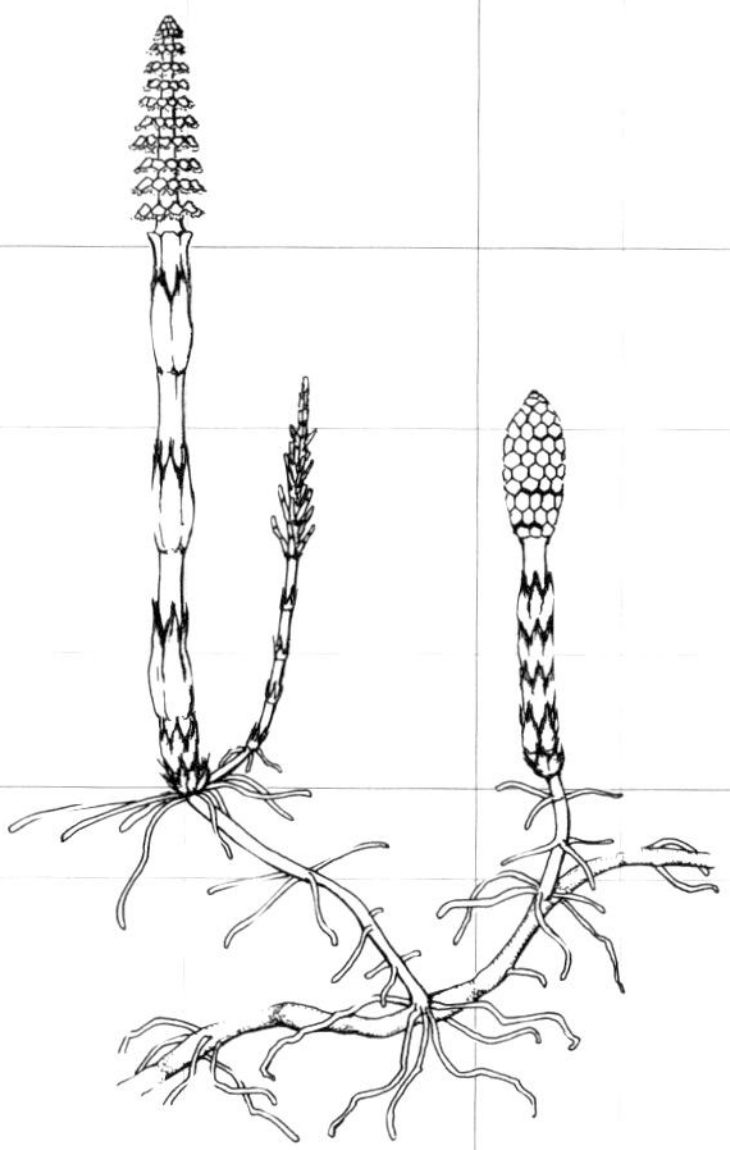

本栖湖から見た富士山

土筆摘む童女か妻かひと日過ぐ命得てまた季節巡るや

私事で恐縮だが、私は2006年の正月明けに胃の手術を受けた。川崎と横浜の境界の丘の上に立つ病院の廊下の窓から、白い富士と、その右側に南アルプスの白根三山がよく見えた。晴れた日の朝はその眺めを楽しみながら、私は退院の日と春の訪れを待ちわびていた。季節が巡るのを一期一会と待ちわびるのは例年のことながら、この年はその思いがひとしおだった。

そして幸いその年も、春の野に出てツクシを摘むことができた。冒頭の感慨はその折のものだ、と言えば、稚拙な歌の意も少し汲んでいただけようか。巡る命はツクシの命でもあり、自分の命でもある。

胞子のダンス

ツクシ①はスギナの胞子を作るための、いわば高等植物の花に当たる部分である。ツクシの頭の部分は6角形のタイル状の構造に覆われ②、断面の写真③でわかるように、裏には緑色の胞子がびっしり並んでいる。成熟して乾燥が始まるとタイルが開き、胞子が溢れ出す④。そして風に乗って飛び立ち、あとには開いたタイルと胞子が入っていた白い袋だけが残る⑤。1本のツクシの胞子の数は100万個を越えるという。

スギナの胞子を顕微鏡で見るとおもしろい。乾燥状態では、緑色の胞子は4本の手足（弾糸）を伸ばし、その先端はへら状で風に飛びやすくなっている⑥。これに息を吹きかけると手足がくるくるっと丸まって胞子に巻き付く（⑦、⑧）。そしてまた乾燥するともぞもぞと手足を伸ばし始める。その様子はまるで、胞子がスライドグラスの上でダンスを踊っているようだ。つまり、風に散った胞子が湿った土の上に落ちると、そこで手足を縮めて動かなくなり、発芽を待つのだ。⑨は発芽が始まったところである。最初に出るのは「仮根」と呼ばれ、これで水分を吸収して次の成長の準備をする。スギナの赤ちゃん誕生の瞬間である。

地下茎の秘密

スギナは地下茎でも増える。地下茎は横に長く伸び、また地中にも深く入る⑩。物差し代わりに横に立てた三脚の長さが1メートルである。このように根がはびこるので、スギナは畑に入り込むと駆除の困難な強害雑草となる。この地下茎にもおもしろい特徴がある。

⑪は地上茎の断面である。赤インクを吸わせてあるので、赤く染まっているのが水を吸い上げる通路、つまり「道管」であることがわかる。外側の緑色の部分が光合成をする葉緑体、その間に、蓮根に似た孔が並んでいる。この孔は、地中深くの地下茎にまで続いている⑫。この孔は何だろう？

②ーツクシの穂は6角形の胞子嚢托の集合体

①ースギナとその胞子をつくるツクシ

⑤ー胞子が飛び去った後の穂の一部

③ー穂の横断面。緑色の部分は胞子嚢托から釣り下がった胞子嚢。中に多数の胞子が詰まっている

④ー乾燥して糸くずのように見える胞子が溢れ出ている

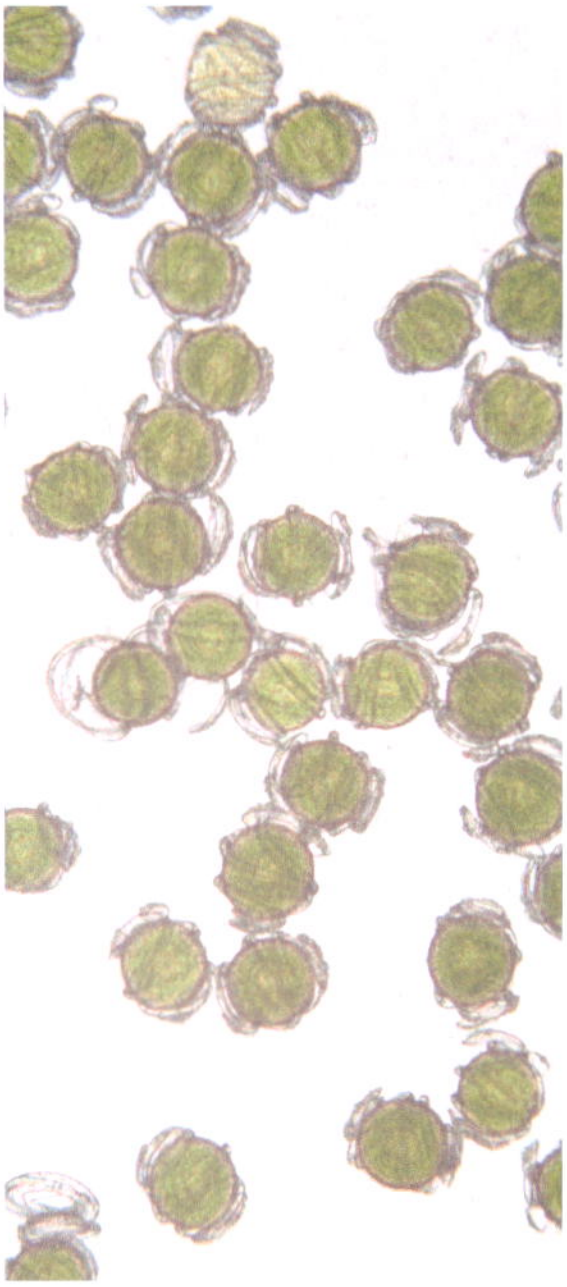

⑧−弾糸がまきついた胞子を透かすような光で観察

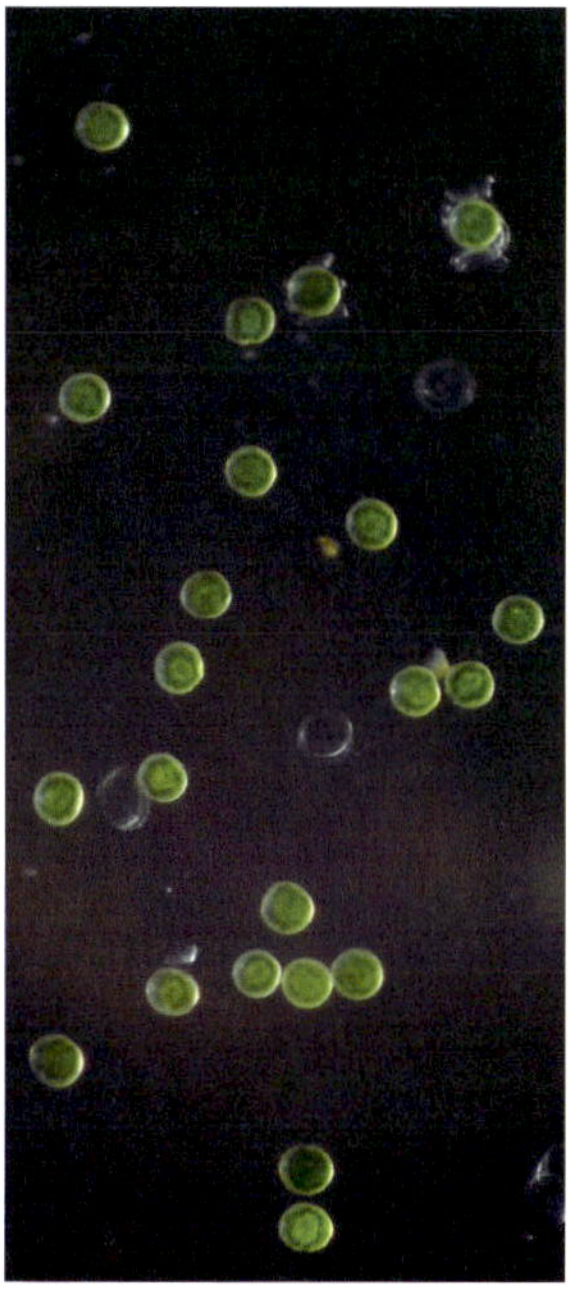

⑦−湿度が高くなると弾糸は胞子の本体に巻きついて飛ばなくなる

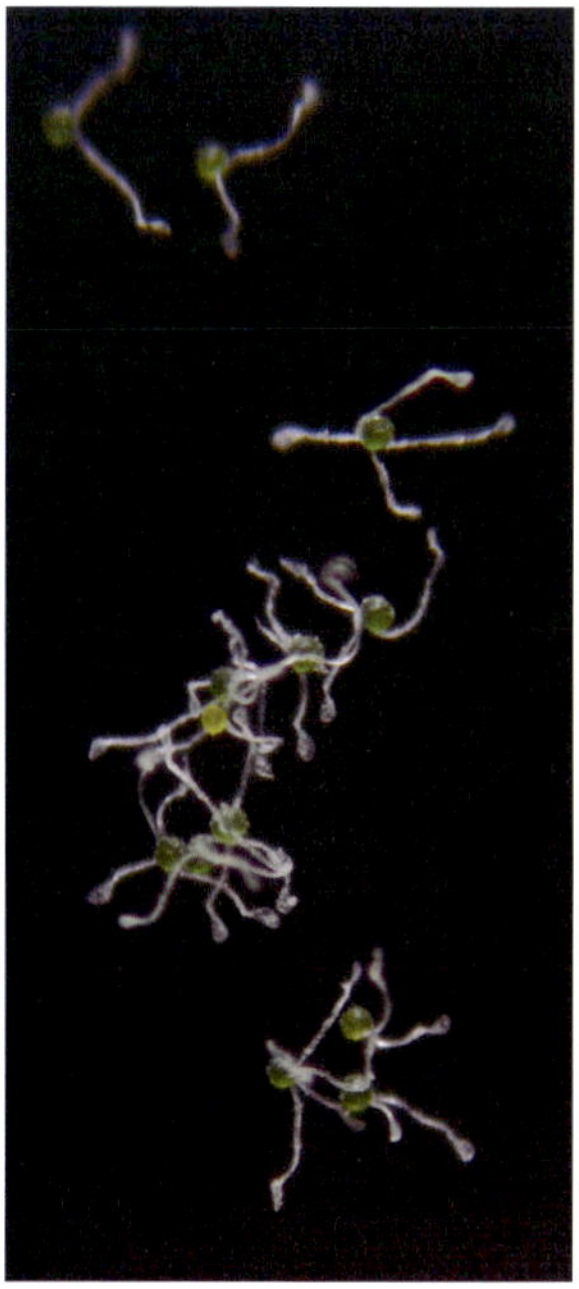

⑥−乾燥した胞子は弾糸を長く伸ばして風に飛ばされやすくなる

⑩−地中に長くのびた白い根

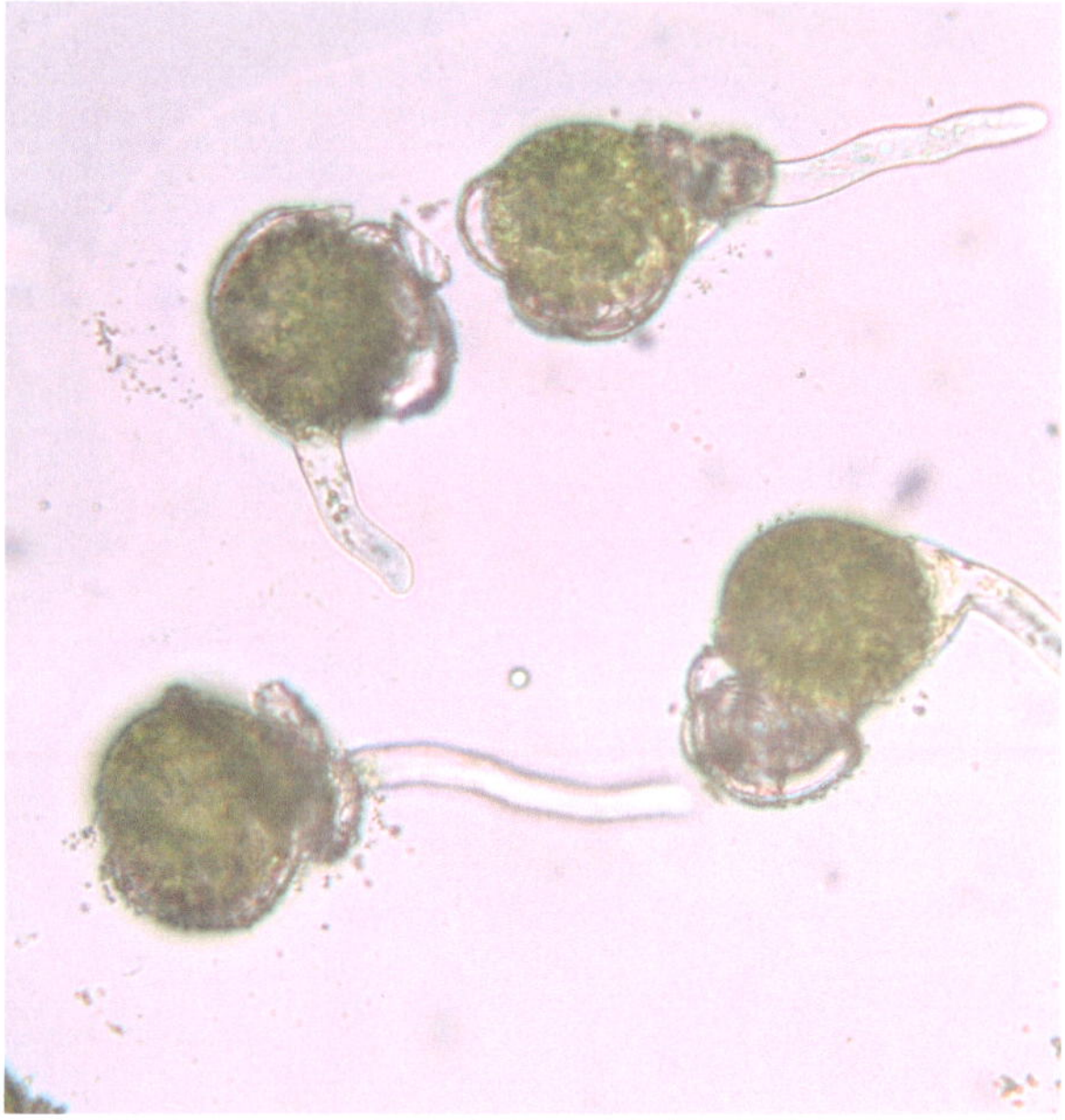

⑨−細長く透明な仮根を出した胞子

蓮根の食用にする部分も地下茎だが、蓮根の孔は「通気孔」だとされている。水中にある地下茎は酸素が不足がちになるため、この孔から空気を送り込んでいるわけで、だからむろんこの孔は地上茎から葉に付け根まで続いている。水辺に生えるアシなどのイネ科植物の地下茎にも同じような通気孔がある。しかし、スギナは水中に生えるのではなく、むしろ乾燥した土手や畑地に生えるという印象が強い。どうしてスギナにも蓮根やアシと同じような通気孔があるのだろう。そのわけを知るには、スギナのルーツを辿ってみる必要がある。

シダ植物であるトクサやスギナのルーツを辿ると、3億年前にさかのぼることになる。恐竜の出現より5000万年も前のことだ。リンボク、ロボク(蘆木)などという巨大なシダ植物が繁茂していた大森林時代。スギナの祖先はこのうちのロボクと考えられている。ロボクは化石の資料から、幹の直径30センチ、高さ30メートルに達したとされる。その頃の地球は温暖多湿で、これらの植物は沼地に生えていた。恐竜の絵に描かれる背景も沼地である。しかし、恐竜が現れた頃から地球は寒冷化と乾燥化が進み、これらの巨大な植物は次々に姿を消し、石炭になった。だからこの時代は石炭紀と呼ばれる。胞子で増えるシダ類は乾燥に弱く、代わって乾燥に耐えるタネを作る種子植物が栄えることになった。スギナは小型化や乾燥に対する適応によって生き残った、ロボクの子孫ということになる。だからスギナの通気孔は、ご先祖が沼地に生えていた時代の名残なのだろう。地下茎が深く入るのも、地下水を求めてのことかもしれない。そして事実、スギナは水中でも平気で生える。つまり乾湿両方に強い。

ただ、周りに背の高い植物が茂ると競争に負けてしまうので、乾燥した畑地などでしたたかに生き続けている。

スギナは化石時代からあまり姿を変えていないため、生きた化石とも呼ばれる。植物で生きた化石といえばメタセコイアがよく知られているが、メタセコイアのような裸子植物の誕生はシダ植物よりずっと後のことだ。スギナやツクシのように、こんなに身近に親しんでいる植物が生きた化石だなんて、なんだかうれしい。

⑪ー地上の茎の断面。水を吸い上げる導管の周囲を赤く染めた

⑫ー地下茎。蓮根の孔のようなものは通気孔

複雑な花——ムラサキケマン

ケマンソウの花。
形が寺院の装飾のケマンに似ている

早春のやぶ陰にいつの間にか咲いているのが、ムラサキケマンの赤紫色の花だ①。弱々しげな風情に見えるが繁殖力は強く、毎年、同じ場所に顔を出してくれる。熟した実をつまむと、ぱちんとはじけて種子を飛ばすのがおもしろい。キケマン、ミヤマキケマンなどの仲間がある。ケマンは華鬘と書き、もともとは花を糸で連ねて輪に結んだアクセサリーのことだが、仏具として寺院のお堂の中に飾られる。観賞用に栽培される鯛釣草《たいつりそう》の別名も華鬘草。

筒型の花

筒型の花が柄にT字形につく。構造も受粉の仕組みも複雑で、私の説明能力では手に負えないが、簡単に言うと、筒は4枚の花びらで構成されていて、後方では長い「距《きょ》」となる。距とは「けづめ」の意味で、ここに蜜が入っている。内側の花びらの先端が丸い小室となり、その中に雄しべと雌しべが隠れていて、外からはちょっと見えない。花を開いてみると、花粉がびっしりついた雌しべの上下を雄しべが挟み込んでいるのがわかる②。雄しべを取り出してみると、3本あるように見える③。ところが図鑑によると、これはじつは6本の雄しべが3本ずつ合わさって2本になり、しかもそのうちの1本の先端が2裂しているのだという。そんなわけで、中央の雄しべはふつうの花と同じように葯が2室だが、2裂して両側を挟んでいる雄しべの葯は1室ずつとなる④。こんなこと、教わらないとてもわからない。

【柱頭液（柱頭分泌液）】
雌しべの柱頭から分泌されてこれを覆う液体。粘液質で、花粉を付着しやすくさせると同時に、ショ糖やアミノ酸などを含み、花粉の発芽と花粉管の伸長を促進する。

【自家不和合性】
同じ株の花粉では受精できない性質。柱頭に花粉がついても、それが同じ株に由来するものだと花粉管が伸びなかったり受精が正常に行われなかったりして種子ができない。他家受粉（他の株の花粉を受け取ること）を促し、遺伝的に多様な子孫をつくるしくみである。

複雑な受粉

雄しべは開花前にすでに花粉を出し、それが自分の花の柱頭にびっしりとつく（⑤左）。それでは柱頭の素顔が見えないので、雄しべが花粉を出す前の若い花を見ると、構造がわかる（⑤右）。赤ん坊の握りこぶしのような形をしている。

柱頭は花粉の一時預かり所にすぎず、この花粉が昆虫によってほかの花に運ばれてはじめて受粉するのだと言われている。しかしそれには、相手の花の柱頭についた自分の花粉がまず昆虫によって持ち出されて、柱頭上に他家受粉のためのスペースが空いていなくてはならない、というややこしい話になる。どこまでも意地悪な花だ。花にはハチ類が訪れる（⑥）。

しかしいったい、こんなにびっしり自分の花粉がついて、同花受粉してしまわないのだろうかと、とても不思議になる。ヨーロッパのキケマンの仲間には、完全に自家不和合（※）のものと、容易に同花受粉するタイプのものと両方あるようだ。日本のムラサキケマンはその点がまだ明らかにされていなかった。そこで、ムラサキケマンを鉢に植えて、昆虫の来ない室内で開花させてみた。結果は単純明快、室内でも野外とまったく同じように結実した。つまりムラサキケマンは同花受粉もする虫媒花である。

花を若い順からステージを追って観察すると、ある段階で、柱頭表面にバブル状の構造ができる（⑦）。おそらく、ここから柱頭液（※）が出てはじめて柱頭が受粉可能になるのではないかと想像される。さらにステージが進むと、花粉管が出ているのが見

①ー花をつけたムラサキケマン

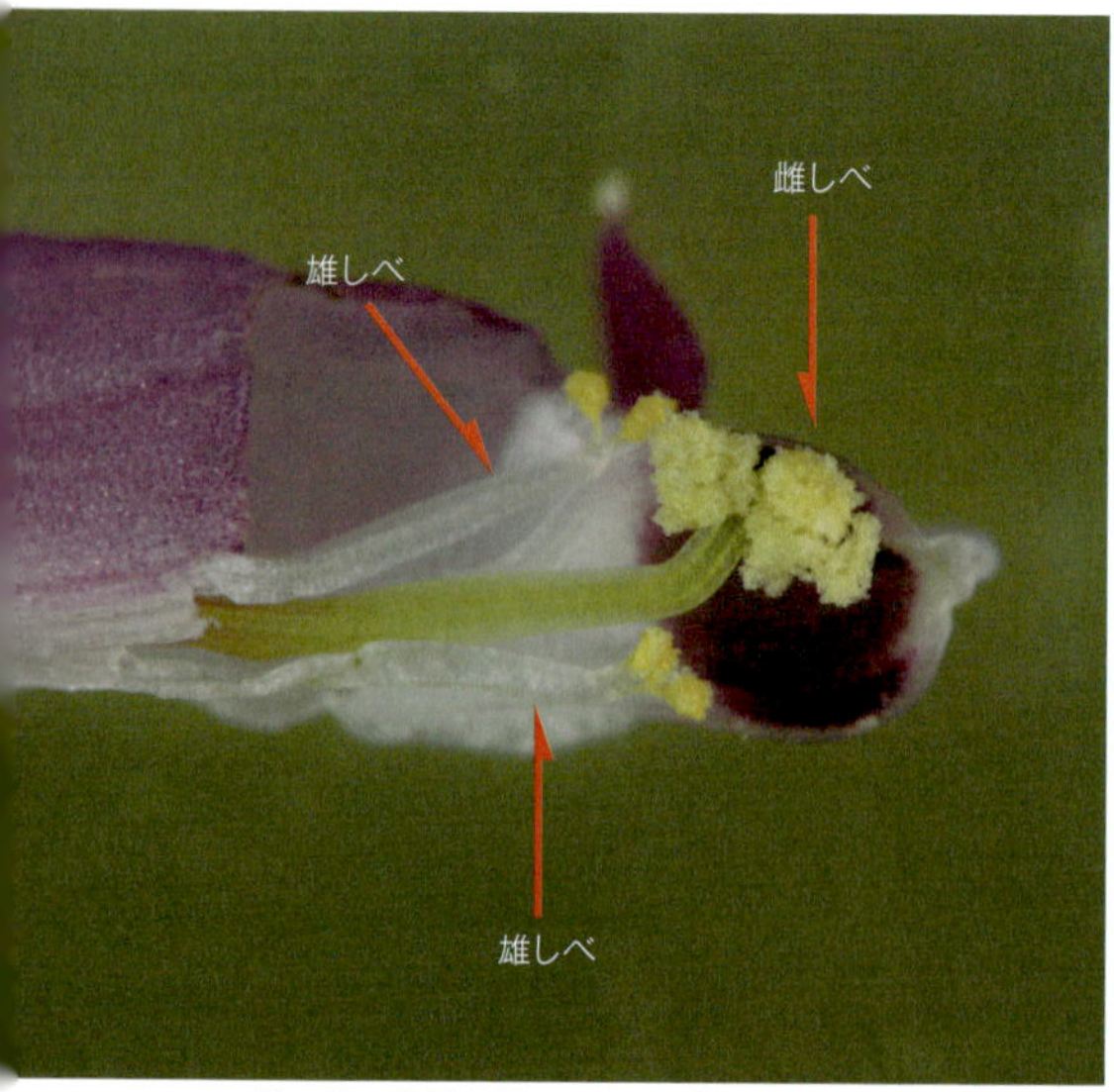

②ー花の先端を開いて雄しべ雌しべの先を見た

③ー雄しべの先端だが植物学的解釈は複雑

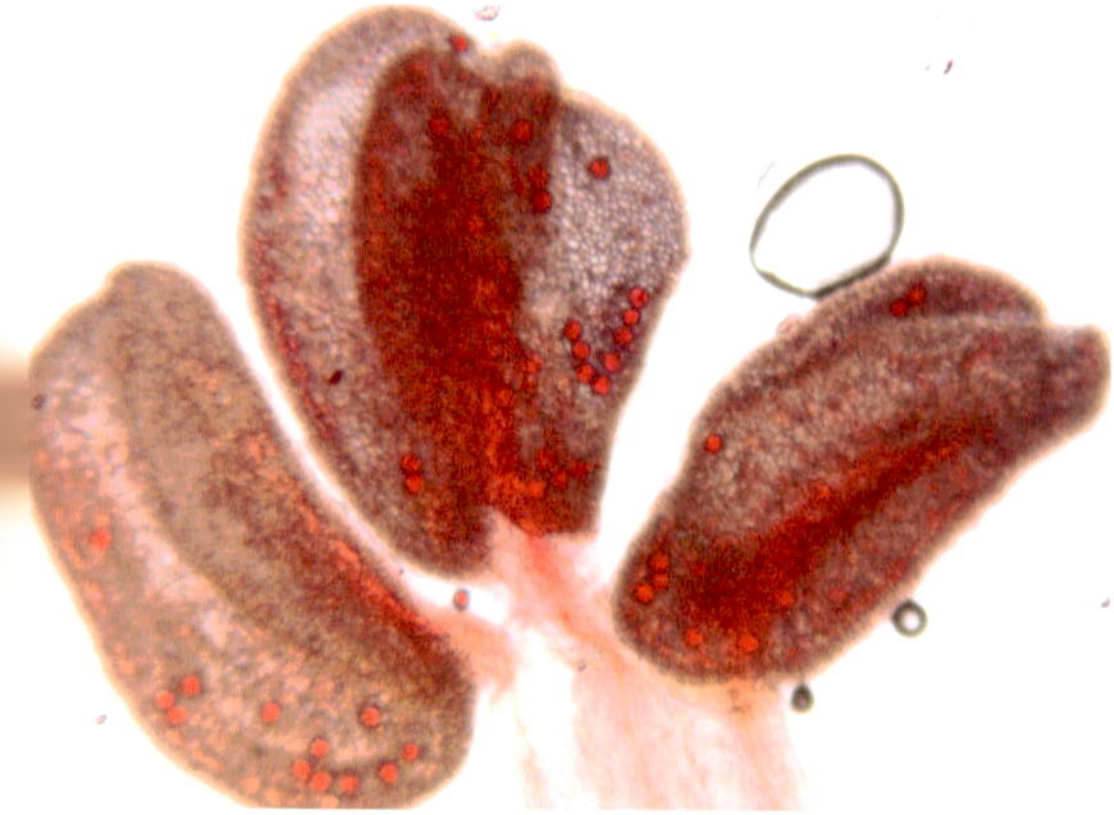

④ー若い花の雄しべ。中央の葯は花粉の入る部屋が2つ、左右のは1つだが、わかるかな？（染色標本）

⑤ー若い花の柱頭。左：開花したての花の柱頭は一時預かりの花粉に覆われている。右：花粉を取り除いた柱頭

⑥ー左：花に口を突き刺し蜜を盗んでいるクマバチ。右：訪れたニッポンヒゲナガハナバチ

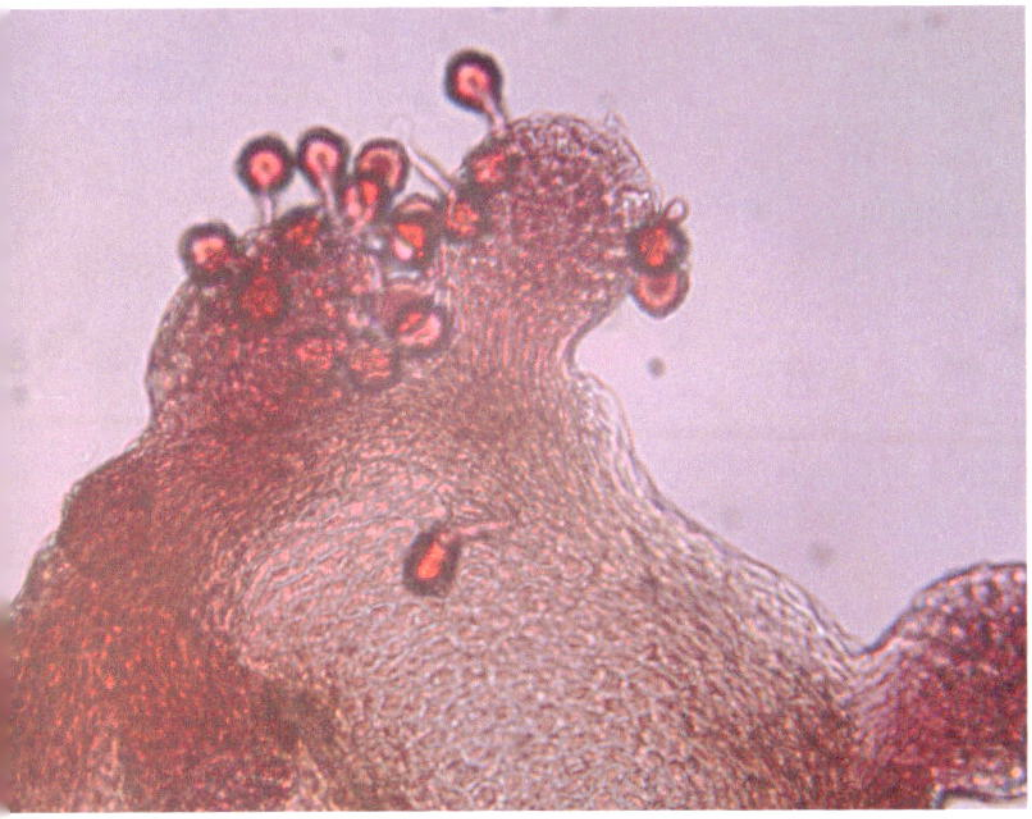

⑧ー成熟した柱頭。花粉が花粉管を伸ばしはじめている（染色標本）

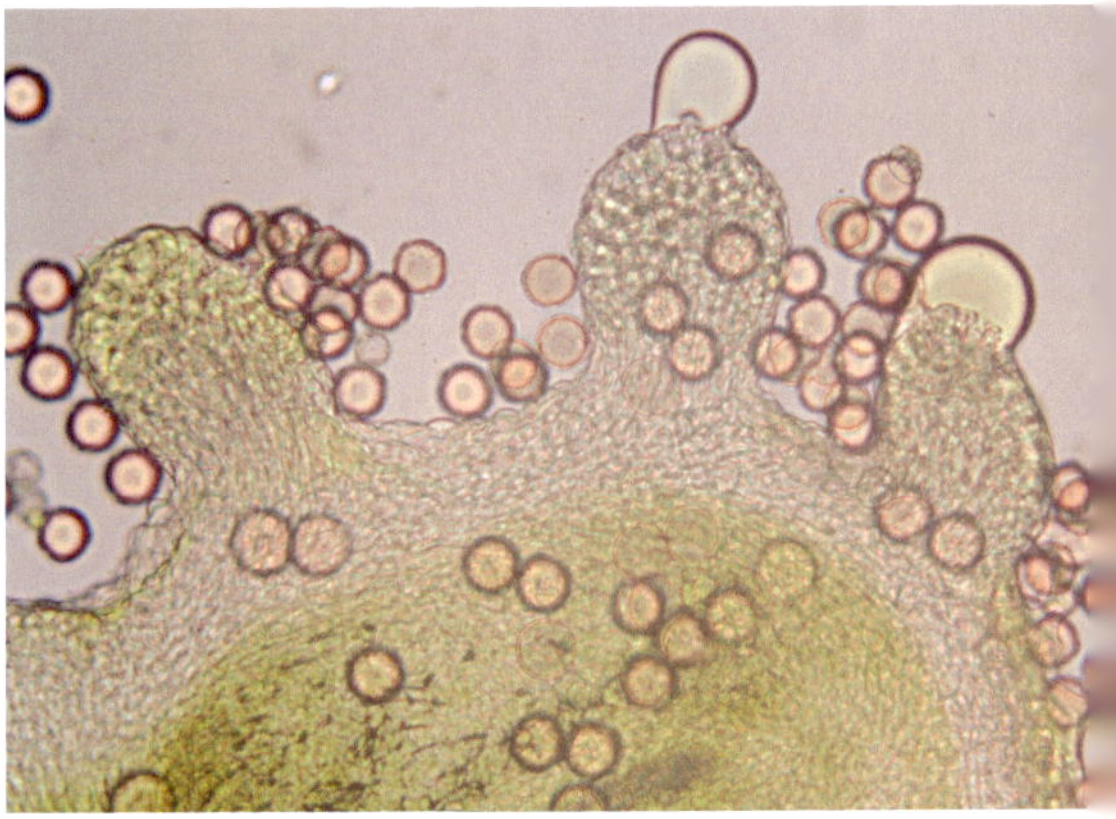

⑦ー若い花の柱頭。花粉は発芽していない（染色標本）

える(8)。ふつうの花では花粉が柱頭に密着して発芽するので、花粉管を見ることはむずかしい。しかし、ムラサキケマンでは花粉が何重にも重なり合ってびっしりとつくので、柱頭に直接接していない外側の花粉が発芽すれば花粉管が見やすいのである。

ともかく、さりげなく咲いているムラサキケマンは調べてみると意外に複雑な花なのだった。

つぼみ受粉——ヒメオドリコソウ

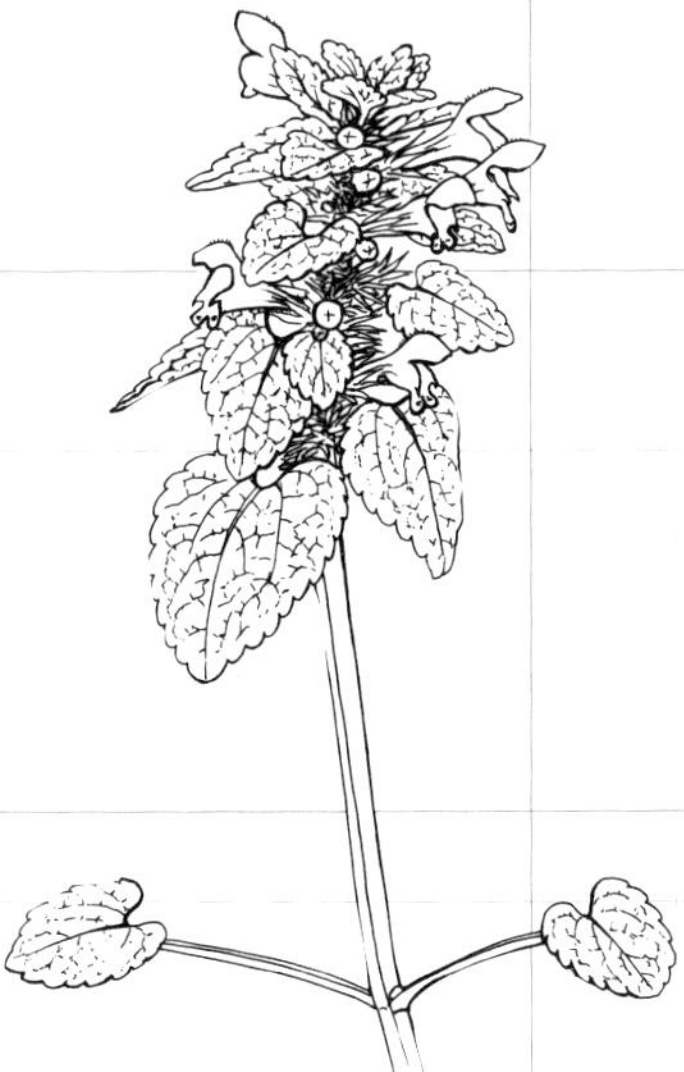

花の色——ピンク・白・赤

ヒメオドリコソウにホトケノザが混じって咲いているのは、春先によく見かける風景だ①。ホトケノザは日本に古くからあるが、ヒメオドリコソウはヨーロッパ生まれで、世界中に広く帰化しているようだ。先端の方の葉をつけたままてんぷらにすると、淡い花の色がピンクに残ってなかなかいける。日本在来種のオドリコソウはずっと大きくて草丈50センチにも達し、白または淡い赤紫色の優雅な花をつける②。オドリコソウの名は、花の形を踊り子の花笠に見立てたものだ。ヒメオドリコソウはこれをうんとミニチュアにしたような形だが、花の姿は立派な踊り子だ。

ある年の春、近くの川の堤防で白花のヒメオドリコソウを見つけた③。この種子を採取して播いてみると、すべて白花になった。つまり、ピンクの花と混じって生えていても交雑が起こっていない。ということは、主として同花受粉で子孫を増やしているのだ。空き地などに猛烈な勢いで繁殖する帰化植物はこのように同花受粉で増えるものが結構多い。

④は比較的最近になって見つかった帰化種で、モミジバヒメオドリコソウと名づけられている。金子紀子によって横浜市内で見出され、1993年に神奈川県博物館から新種帰化植物として報告されたもので、その後、各地で相次いで目撃情報が増えている。花の色はホトケノザに近い深い赤である。

①ーヒメオドリコソウの群落

②ーオドリコソウの花。花笠をかぶり輪になっておどる踊り子のようだ

③ー白い花のヒメオドリコソウ

④ーモミジバヒメオドリコソウ。1993年にみつかった帰化植物

【閉鎖花】
花冠を開かないまま、その内部で同花受粉を行って実を結ぶ花。親植物と似た性質の種子が確実に作られる。一般に花冠や雄しべの一部は退化し、花粉数も少なくなるなど、種子生産のコストも低減されている。ほかにスミレ類やセンボンヤリなども閉鎖花をつける。

つぼみ受粉

⑤はオドリコソウの雄しべの葯である。長短の雄しべが上下2段に2個ずつ並び、葯は上下2室に分かれる。これはこの仲間の特徴である。また、葯の背面に白い毛が生えている。これもヒメオドリコソウ（⑥）、モミジバヒメオドリコソウのほかホトケノザにも共通して見られる。これらの毛は、唇の形をした花筒の一定の場所に葯を保持するクッションの役目をしているのかもしれない。

ヒメオドリコソウのつぼみを開いてみる（⑦）。葯からはすでに花粉が溢れている。白い雌しべは湾曲して下を向き、柱頭の先端は2裂する。そして、下側の柱頭は葯の花粉の中に差し込まれており、上の柱頭にも花粉がついているのが見える。このように、ヒメオドリコソウはつぼみの時期にすでに同花受粉する。柱頭を染色して拡大してみたのが⑧である。花粉管が長く伸びて柱頭に入っている。同花受粉の場合には花粉が柱頭に接触しなくても発芽する可能性があり、そのためにこんな長い花粉管が見えるのだろう。ホトケノザも同じで、開花直後の柱頭にすでに花粉がついていて、やはり花粉管が伸びている（⑨）。なお、ホトケノザは開花しないまま結実する閉鎖花（※）をつけるが、このような場合は葯の中ですでに花粉の発芽が始まることも知られている。

オドリコソウではどうだろう。同じく開花前のつぼみを開いてみる（⑩）。柱頭はやはり白い牙のように2裂しているが、花粉はまったくついていない。葯からまだ花粉が出ていないようだ。この花の場合は同花受粉ではなくマルハナバチによって花粉が媒介されることがわかっている。

似たような仲間だと言っても、受粉生態はさまざまだ。やはり予断は禁物である。

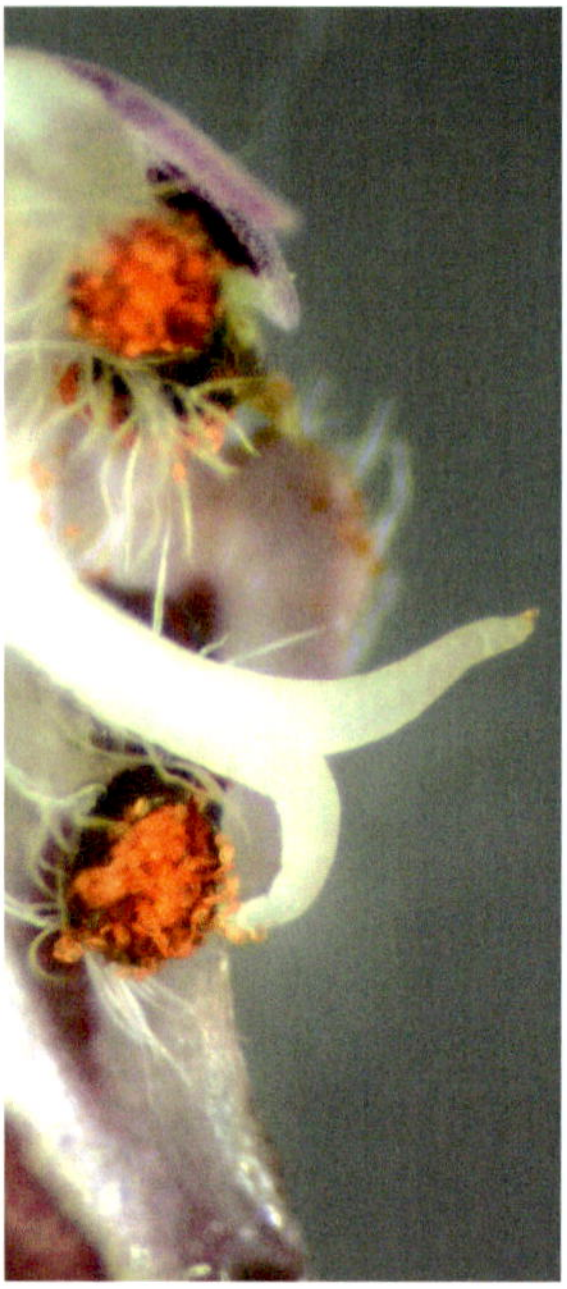
⑦－つぼみの中の雄しべと雌しべ。もう花粉が出て、柱頭は葯の中に入り込んでいる

⑥－葯の後ろの毛は葯が動かないようにする働きがある

⑤－4本の雄しべの先端。花粉の入った葯室がくの字形に並び上下２段になっている

⑩－オドリコソウのつぼみの中の雄しべ雌しべ。柱頭に花粉はついていない

⑨－ホトケノザの開花直後の雄しべ雌しべ。柱頭にオレンジ色の花粉がついている（矢印）

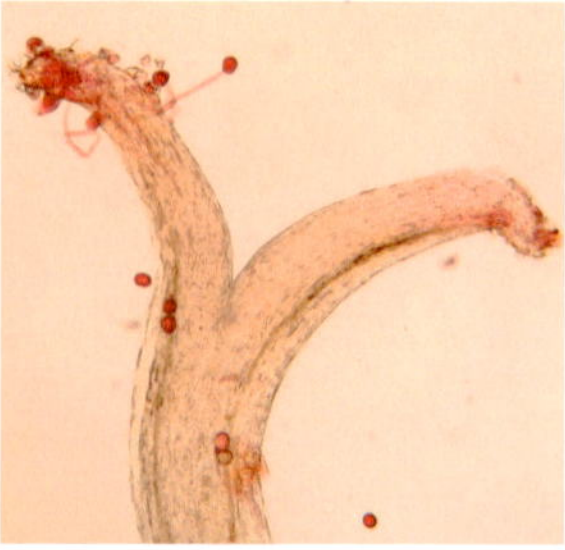
⑧－つぼみの中で柱頭に付いた花粉はもう花粉管を伸ばしている（染色標本）

ニワトコの花咲く頃

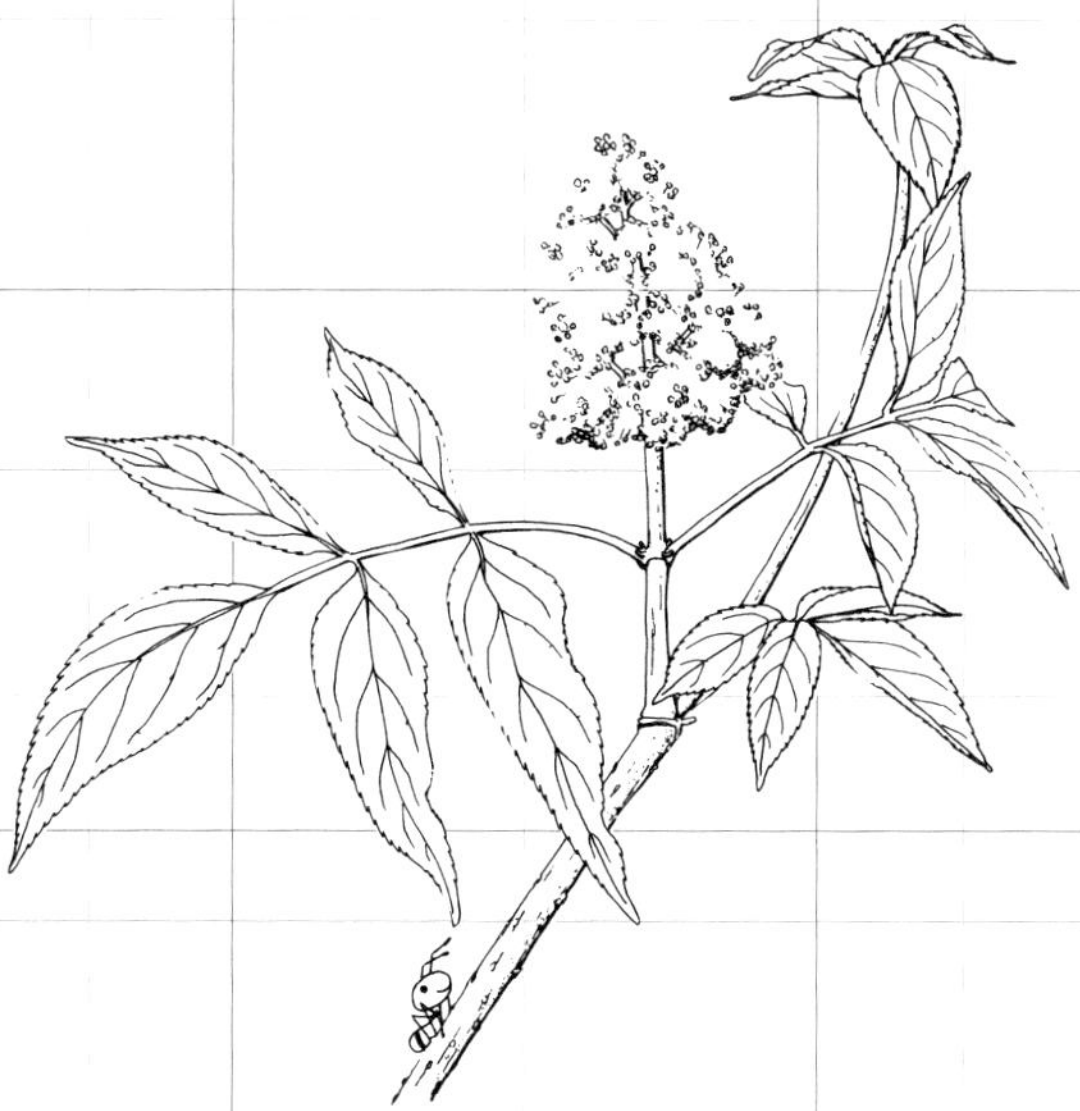

春、ニワトコの白い花が咲いた(①)。遠目には地味な花と映るが、拡大してみると生クリームの上に赤いイチゴが乗っかったかのようだ(②)。赤いのは若い雌しべ。成熟するにつれて色はもっと暗い赤になる。

ニワトコは春まだ浅い頃から、ほかの木に先駆けて芽吹く。③はある年の早春、列島を猛烈な寒波が襲った日に寒そうにこごえていた芽吹きである。北欧では、ニワトコは民俗や伝説と最も深く結びついた木とされる。その強い生命力のゆえに、時に神宿る木であったり、時には妖精のすむ木であり、あるいは魔女のすむ木にされたりもした。『イギリス植物民俗事典』(八坂書房)という本を見ると、じつにさまざまな言い伝えが無数に出てくる。そして神の木であれ魔女の木であれ、いずれにせよニワトコの木を切ることは各地で古くからタブーとされたようだ。中世の伝説では、キリストを裏切ったユダをこの木にしばり首にしたとか、キリストを処刑した十字架はニワトコで作られたとか伝えられる。

しかし、伝説の時代は終わり、ニワトコは北国に春を告げる、なくてはならない花となった。宝塚のヒットソング「スミレの花咲く頃」の原曲は、ウイーンで作られた「白いニワトコが再び咲く時」、それがフランスに渡って「リラの花咲く頃」というシャンソンになり、さらに日本でスミレに変わったとのこと。それぞれの国の春を代表する花に置き換えて歌いつがれたのである。

【複葉】
1枚の葉がいくつかのパーツに分かれているような葉を「複葉」という。ニワトコの葉のように、鳥の羽のように左右にパーツが並ぶものは「羽状複葉」と呼ぶ。

縄文のワイン

ニワトコは春、大急ぎで花を咲かせ、5月下旬になると実が赤く色づき始める(4)。このニワトコの種子が、青森県の山内丸山遺跡の約5千年前の地層から大量に出土し、酒造りに利用されていたらしいというので話題になった。縄文人の祭りに欠かせなかった貴重な酒。ヨーロッパやアメリカの西洋ニワトコ（エルダー）の実は薬用や食用に利用度が高く、今もニワトコのワインを作ったり、花のシロップを作ったりするという。

ツノがある？

さて、ニワトコの若い複葉(※)の基部には長さ3〜4ミリほどの奇妙な形のツノのような突起がある(5)。こちら側に1対、向こう側にもう1対、合計4本ある。これはいったい何だろう、と仲間内で話題になった。それで調べてみると、先端から蜜が出ていることがわかった(6)。舐めるとかすかに甘みがある。これは蜜腺だった。この蜜腺は肉眼でも見え、そして一度見え始めるとやたらに目につくようになる。

このような、花以外の場所にある蜜腺は花外蜜腺と呼ばれ、アリたちが好んで集まる(7)。花外蜜腺はいろいろな植物で知られていて、存在場所も葉の表面であったり葉柄であったり茎であったりと、まちまちである。身近なところでは、サクラの葉柄

①ーニワトコの花

②ー花のアップ。赤い雌しべが目立つ

③ー早春の芽ぶき

⑤ー葉柄基部に見られる一対の突起（花外蜜腺）

④ー果期。実は径約3ミリで赤く熟す

⑦ー蜜腺から出る蜜をなめているアリたち

⑥ー突起の先端から分泌される蜜

にも丸い花外蜜腺がある。アリを集めて何の役に立つのかというと、これは、アリが外敵を退治したり追っ払ったりしてくれるので、花としてはガードマンを雇っているのだ、と考えられている。100年以上前に出版された『植物と昆蟲との關係』（吹雪敏光、冨山房）には、サクラの花外蜜腺について「是等の蜜腺を切り取るときは、アリの訪問することとあらざるを以て、サクラノケムシは来たりて此葉を蚕食すること多し」とある。しかしその後、花外蜜腺の役割についてのこのような実証的研究は見あたらず、アリはアブラムシを運んできたりして、かえって迷惑なだけではないかという意見もあり、はっきりしない。ただし熱帯には、アリに巣穴や養分を提供して住まわせている「アリ植物」というのがあって、中には攻撃性が強く、実際にガードマンとして役立っているアリの例も知られている。ニワトコについては、複葉の基部以外にもいろいろなところに蜜腺が見つかるので、探してみるのも一興だろう。

ピンクのお下げ髪——ネジバナ

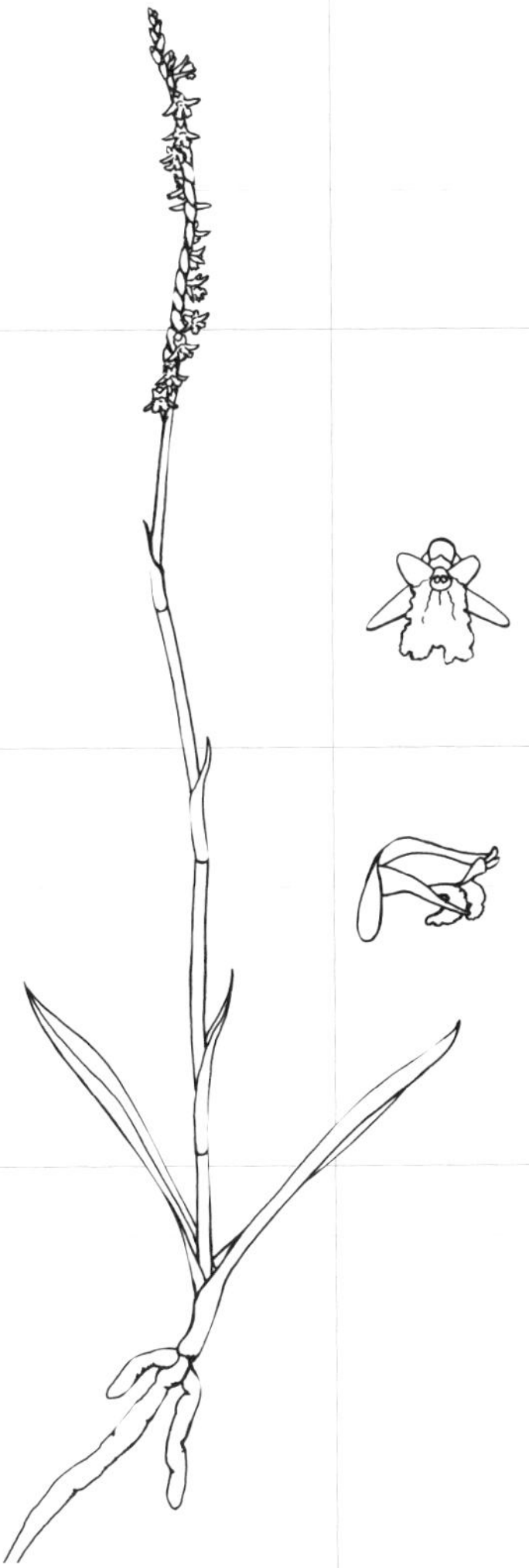

①ーネジバナの花の穂

芝生を彩るピンクのらせん階段。ネジバナは最も身近な野生ランである(①)。写真では、右巻きと左巻きのらせん階段が並んでいるが、どちらになるかは偶然の確率で決まるようだ。私の住むマンションの芝生にも、毎年、ネジバナが顔を出してくれるが、咲いたと思うとちょうど草刈りの入る季節になってしまう。もっとも、ネジバナの葉は低く地表を這っているので、花を刈り取られたぐらいでは平気である。それに、背の高い草がはびこるとネジバナは競争に負けてしまうから、草刈りをしてくれるほうがありがたいわけだ。芝生という人工的な環境にぴったり適応したランと言えるだろう。英語名はLady's tresses。tresses はフランス語で婦人の編んだ髪のこと、これがそのまま英名になった。少女ならばお下げ髪か。ピンクのお下げ髪の形容は、このかわいい花にまことにふさわしい。Pearl twist という別名もあり、これも花の姿をよく現している。

花粉塊を運ぶハチ

ネジバナの花をのぞき込むと、黄色い2つの目玉が見える(②)。これが、ランに特有の花粉のかたまり「花粉塊」だ。ランは花粉をひとかたまりにして昆虫に運んでもらう。昆虫になったつもりで細いピンセットを花に差し込むと、1対の数の子のような花粉塊がくっついてく

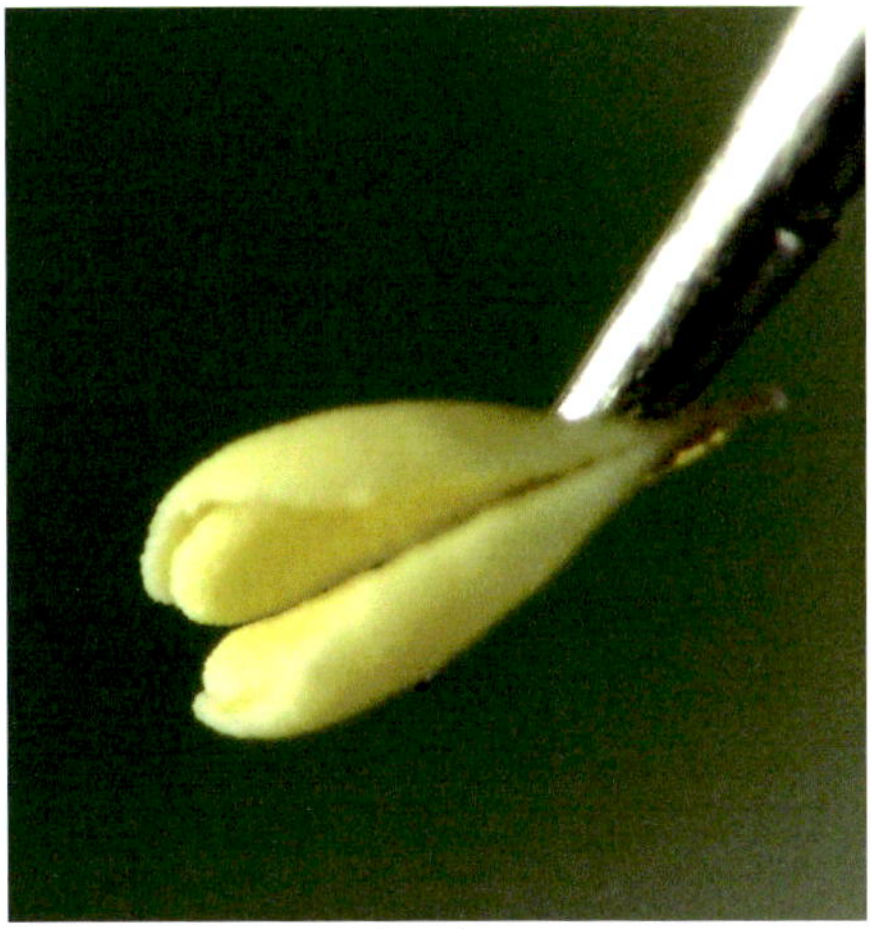

③ーピンセットについた花粉塊

②ー花をのぞき込むと……

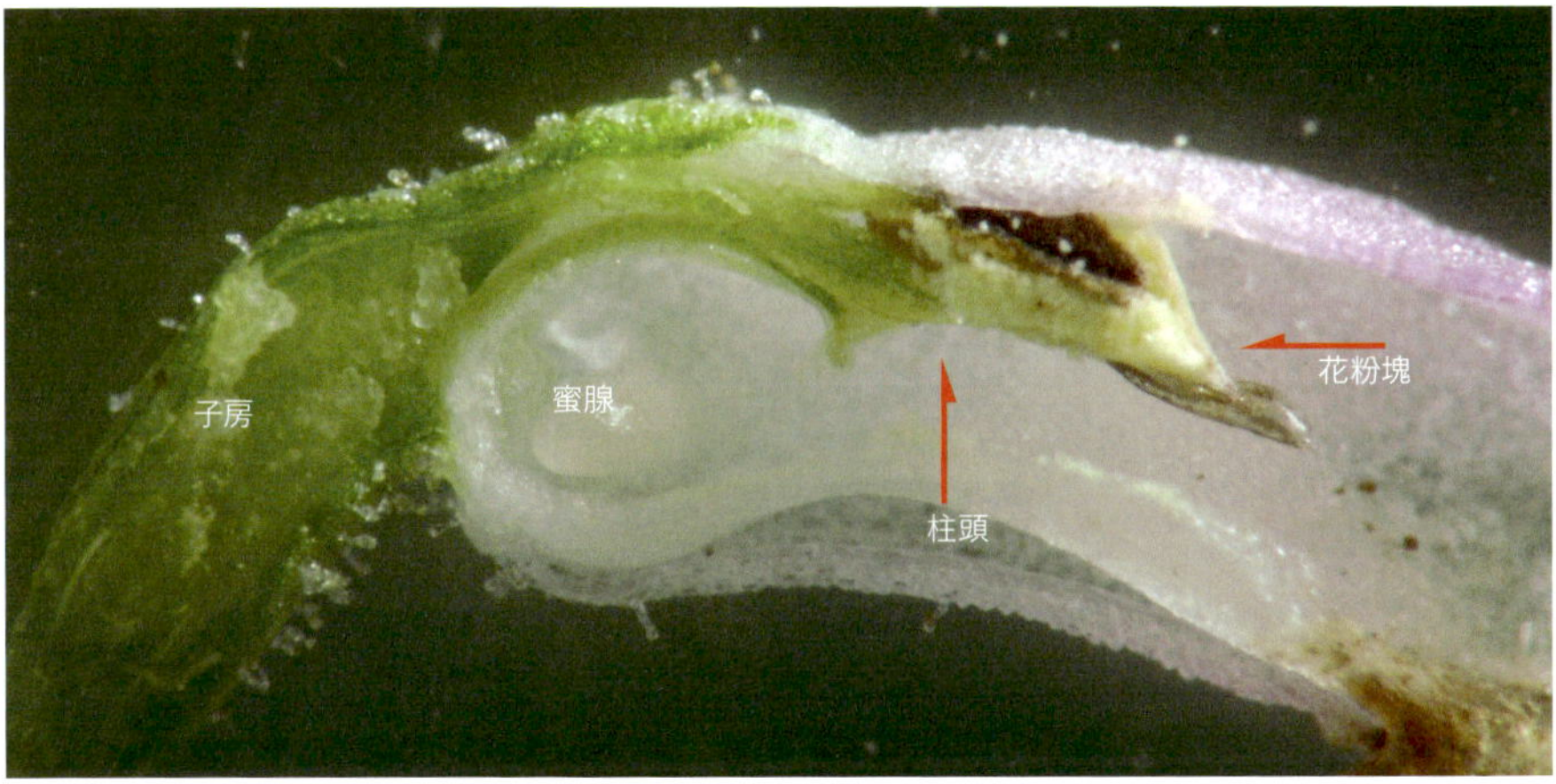

④ー花を縦に切った内部

⑥ーミツバチ。やはり花粉塊がついている

⑤ーハキリバチ。口に黄色い花粉塊がついている

⑦ーネジバナの実

る（③）。花粉塊の付け根の部分に接着剤がついていて、これで昆虫の体にくっつく仕組みである。花を縦に切って、花粉塊、柱頭、蜜腺、子房の位置関係を示した（④）。昆虫は、ポケットになった部分に口を差し込み、蜜を吸うことになる。

花粉塊を運ぶのは主としてハチ。⑤はハキリバチで、これが標準的な吸蜜のポーズだ。口に黄色い花粉塊がついているのが見える。⑥はミツバチで、2か所に花粉塊がついている。ハチは数個の花を訪れては次の株へと移る。ランの花がハチに比べて大きければ花粉塊はハチのおデコにつくことになる。これを「ハチのかんざし」と呼ぶ地方もあるそうだが、野生ランで実際にそういう情景を目にすることはむずかしいだろう。ネジバナは小さいので花粉塊はもっぱら口の部分につくことが多い。ベニシジミなどの小型のチョウが訪れているのもよく見かける。

しかし、多くのの花の中には黄色い花粉塊が残ったままだ。このように、花粉塊が持ち出されないままで残る花が多いのだが、丹念に調べると、雌しべに花粉塊がついた花も見つかる。

花が咲き終わると、下の花から順に実（⑦）がふくらみ始める。実の中には、ほこりのような、と形容される細かな種子がびっしりつまって育っている。種子は細長く、両端が薄い翼となって風に舞い散る。長さは翼を入れて0・5ミリほど。栄養分をいっさい持たず、中央部の焦げ茶色の部分に未発達な胚が入っているだけだ（⑧）。数は実1個あたり数万個に及ぶという。

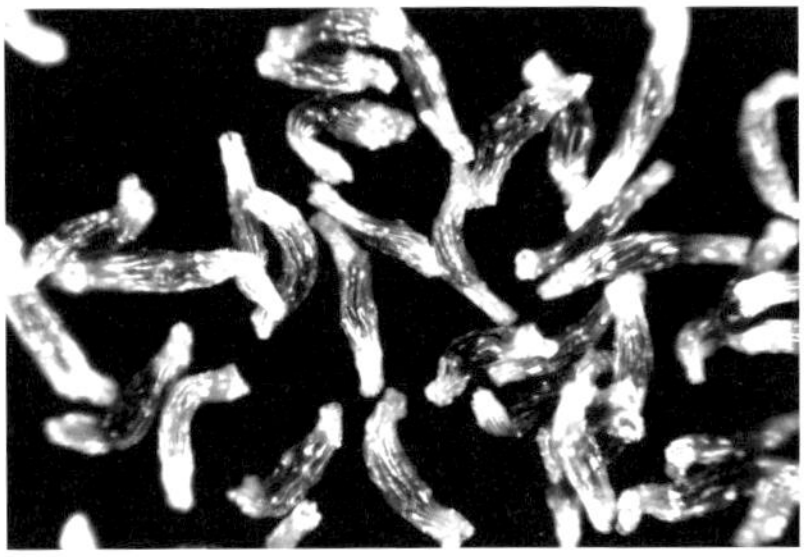

⑧－長さ0.5ミリほどの小さな種子は風に乗って飛んでいく

異常に高い結実率の謎

次に結実率を調べてみる。ネジバナの花は下から上へと咲き上がって行くが、株の上に行くにつれて栄養の供給が不十分になり、最後には咲いたのかどうかもわからないくらい小さな花になってしまう。それで、下から数えやすい20個ほどについて見ると、結実率は90％だった。このように、成長のいい株の大きな花について見るかぎり、ネジバナの結実率はきわめて高い。ところが、昆虫による受粉の持ち出し率は決して高くはない。横浜市内の3か所のネジバナについて調べたところ、90％以上の花には花粉塊が残ったままだった。

これが私にとっては「謎」だった。ラン一般の受粉の仕組みからして、これほど結実率が高いというのは奇妙なことに思われたからだ。多数の種子を作るには多数の花粉が必要になる。だからランの仲間は花粉を花粉塊にして、ひとまとめに受粉させるのだと言われる。しかし、花粉塊1個で1個の花を受粉させるのであれば、この高い結実率はどうしても説明がつかない。試しに、鉢植えにしておいたネジバナを昆虫が来ない室内で開花させるとまったく結実しないことがわかった。したがって、同花受粉で結実するのではなく、やはり昆虫による媒介が必要である。イギリスやオーストラリアでは、柱頭の形が変化して同花受粉するものがあると報告させているが、日本のネジバナとその変種であるナンゴクネジバナは同花受粉しない。

そこで人工授粉なども試しているうちに、やっと見えてきたことがある。ネジバナの花粉塊は薄い袋に入ったゆるいかたまりにすぎず、昆虫によって雌しべの柱頭に運ばれると、そこでいとも簡単にばらばらにほぐれてしまうのである。ほぐれた花粉の一部は再び昆虫が訪れたときに体につき、別の花へと運ばれているらしい。昆虫は必ず花に口を差し込むから、これは花粉塊を持ち出すよりはるかに確率が高い。そして、花粉塊そのものが運び込まれなくても、多くの花の柱頭に花粉がついているのが見つかる。こうして、ネジバナの花粉は小分けされて多数の花に配分されているようだ。これはほかのランでは見られないネジバナの特徴と思われる。1個の花の花期が約1週間と長いこと、野生ランとしては昆虫の訪れが頻繁なことも、高い結実率の原因だろう。これが、回り道したあげくにようやくたどり着いた「ネジバナの謎」の答えである。

2種類の花粉の謎——サルスベリ

この夏も記録的な猛暑だった。8月も残りわずかというのに、日中は道を歩いていてもまだまだ陽ざしが強い。ふと見ると、白いサルスベリの花びらが落ちて雪が降ったように積もっていた。花は朝咲いて、翌日には雄しべも雌しべもしおれるが、花びらは2、3日して蝋細工のような形を残したまま風に散る。まるで、散っても命を失わないかのようだ。ひとつ掌に乗せてみると重さがないかのような、繊細な花だ。真夏、紅白2株の花盛りのころは、花びらがみちのせに散り敷く、まるでお節句の雛あられをぶちまけたようにも見えて美しい、と中国の古い書物にもある。散ってなお美しさをとどめるのは、エゴノキとこのサルスベリではないだろうか。

散れば咲き散れば咲きして百日紅　千代女

ご存知のように、木の肌はすべすべして滑らかで、中国では「無皮樹」の異名もあるとか。上野動物園で試してみたところ、猿は滑らなかったという話もある。何もそこまでやらなくとも、サルスベリの名も愛嬌があっていい。

食用花粉と生殖用花粉があるか

①は花のアップである。中央に黄色い雄しべが30本ほどかたまっている。そしてその外側に、花弁に添うように湾曲し、目立たない色の雄しべが6本。花粉を見ると、

内側の雄しべは黄色(②上)、外側の雄しべは緑色だ(②下)。どうして、2種類の雄しべと花粉があるのだろうか。1966年にヨーロッパで出版された受粉生態学の本では、サルスベリの中央の雄しべを食用雄しべ、外側のものを生殖用雄しべと呼び、次のよう記述している。「サルスベリの花には蜜がなく、ハチは中央のあざやかな黄色の雄しべから花粉を集める。そのときに、地味な色で花弁に隠されがちな外側の雄しべの花粉がハチの体につき、これが雌しべに運ばれることで受粉が成立する」。この話は田中肇の『花と昆虫』(保育社カラー自然ガイド)によってわが国にも紹介されたのだが、先の文章からは、中央の雄しべの黄色い花粉はハチを呼ぶための食用であって、生殖能力がないかのように受け取れる。現在、インターネット上のサイトでもそのままの説明を採用しているものが多い。そうだとすればおもしろい話なので、過去の研究でそういう期待がもたれたことは事実のようだ。しかし、その後の外国の、またわが国の渡辺光太郎による研究では、黄色い花粉と緑色の花粉は「残念ながら」どちらも受粉能力があることが確認されていて、中央の黄色い花粉は単なるダミーではないことが明らかになっている。事実、両方の花粉の寒天培地上での花粉の発芽能力(③上が中央の雄しべの花粉、下が外側の雄しべの花粉)にも、DNAの染色性にも差は認められない。

①ーサルスベリの花

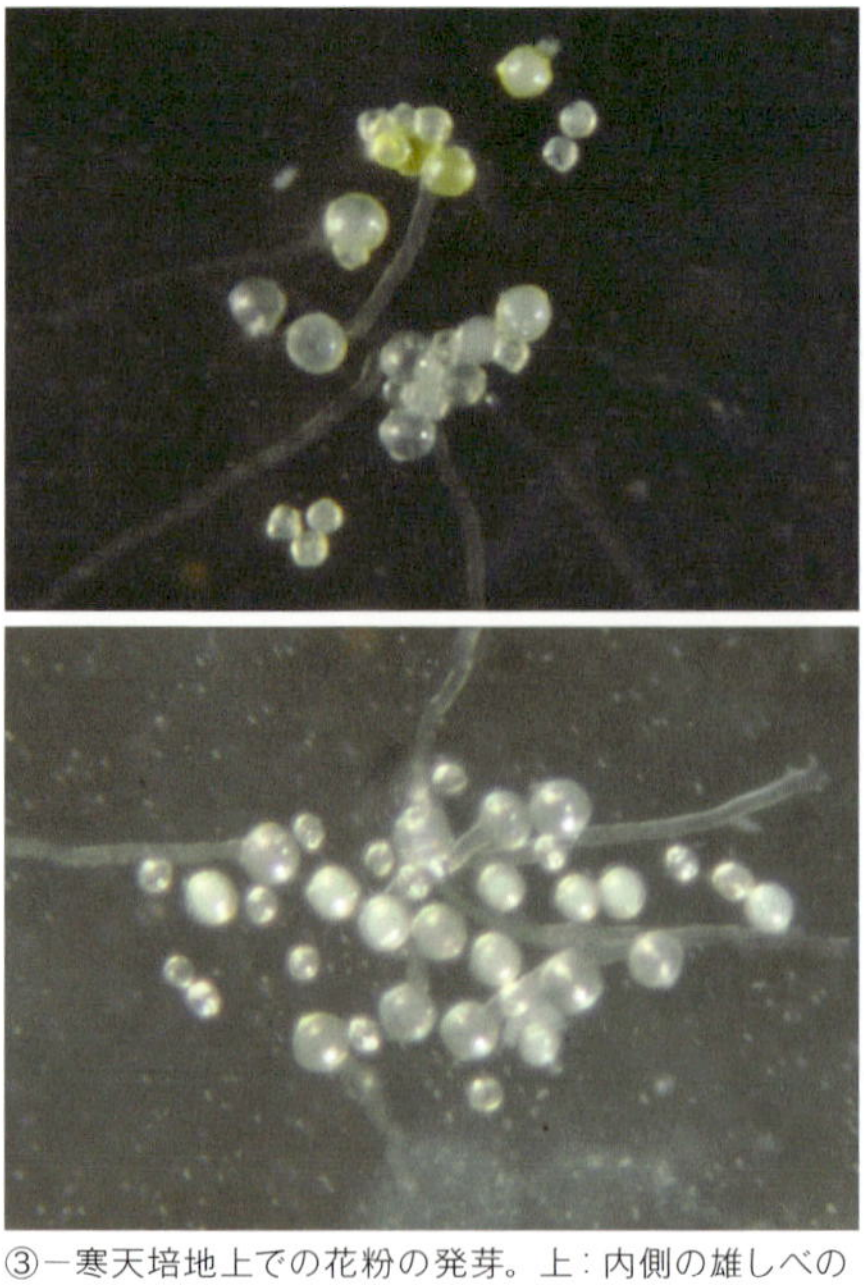

③ー寒天培地上での花粉の発芽。上：内側の雄しべの花粉。下：外側の雄しべの花粉

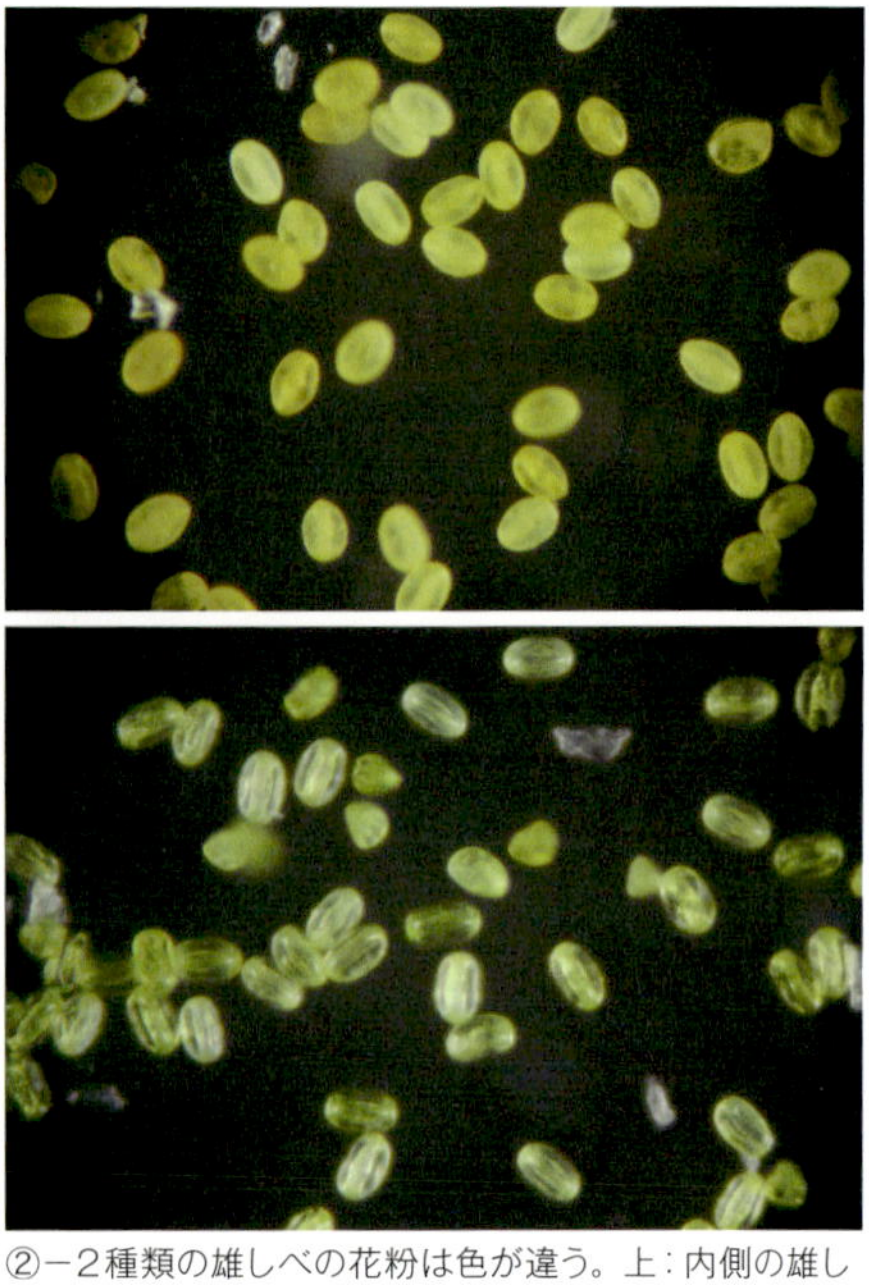

②ー2種類の雄しべの花粉は色が違う。上：内側の雄しべの花粉。下：外側の雄しべの花粉

⑤ー外側の雄しべの花粉を集めているハナバチの一種

④ー内側の雄しべの花粉を集めているハナバチの一種

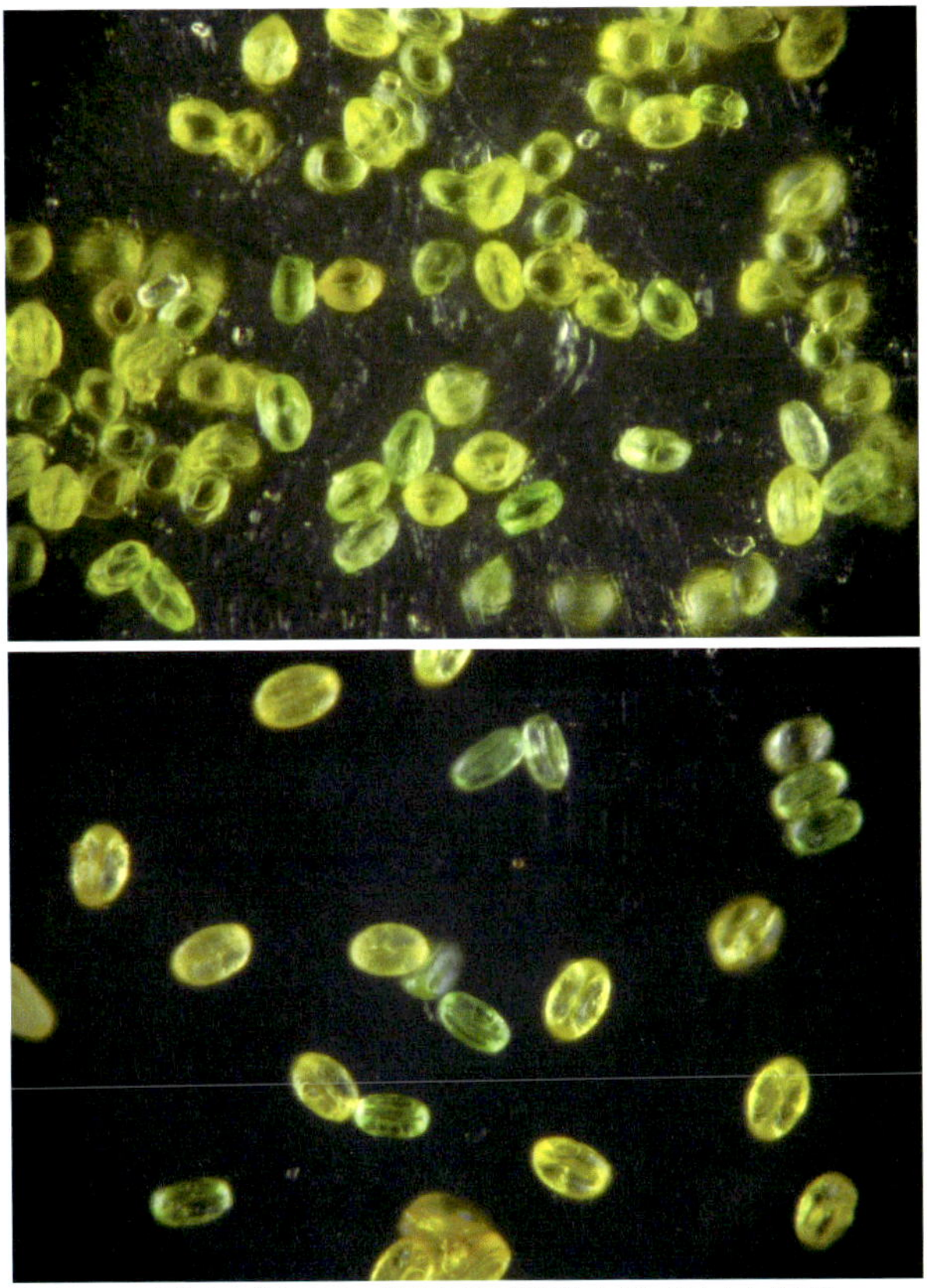

⑥⑦ーハチが集めた花粉団子の花粉を色で識別した（結果は本文参照）。
右：ミツバチが採取。左：ヒメハナバチが採取

サルスベリの実

訪れる昆虫

サルスベリの花には蜜がないので、集まってくるのは花粉を食用とする昆虫たちだ。クマバチ、中型のハナバチ、ミツバチなどは、サルスベリの花の中央の雄しべをめがけて一直線に飛び込んでくる。そして、その上を這《は》い回って花粉を集める(④はハナバチの1種)。ハチは黄色が好きだし、黄色い雄しべは遠くからでも目立つ。一方、外側の雄しべは地味で、近寄ってみないとはっきりしない。だから、黄色い雄しべがハチを呼ぶのに役立っていることは確かである。ところが、中央の雄しべよりも、むしろ目立たない外側の雄しべにぶら下がって花粉を集めるのが好きなハチがいる。ヒメハナバチやコハナバチなどなど、うんと小型のハチたちである(⑤)。

試みに、ミツバチとヒメハナバチが集めて脚にくっつけた花粉団子を調べてみた(⑥⑦)。緑色の花粉が占める比率はミツバチで17%、ヒメハナバチでは28%だった。中央の雄しべの数は外側の雄しべの約5倍だから、ハチが両方の雄しべに無作為に触れるとすると、外側の雄しべの緑色の花粉がハチの身体につく比率は全体の6分の1となり、ミツバチの場合に一致する。一方、ヒメハナバチが集めた緑色の花粉の比率はこれより明らかに高い。おもしろいことに、ハチが集めた花粉団子を調べるとすべてサルスベリの花粉で、ほかの植物の花粉はほとんどで見あたらない。ハナバチ類はこのように1種類の花を好んで訪れる習性があり、定花性と呼ばれる。これには昆虫の学習能力や記憶力が関係しているようだ。昆虫が花から花へ飛び回り、ほかの種類の花に花粉をつけても意味がないから、このような定花性をもった昆虫はきわめて有能な花粉媒介者だと言える。

結局のところサルスベリには、食用と生殖用の2種類の花粉があるわけではない。どちらも食用になり、どちらも受粉に役立つ。しかし、それなら中央の黄色い花粉だけでも十分ではないか。外側の緑色の花粉は何のためにあるのだろう。もしかしたらこれは、大きさや習性の異なる2種類のハチのどちらにも効率よく花粉を運んでもらうための周到な仕組みではないだろうか。ヒメハナバチやコハナバチなどの小型のハチは個体数も多く、頻繁に花を訪れるので、花にとっては有用な花粉の運び手だからだ。こんな想像を巡らせるのも、路傍の自然観察の楽しみの一つである。

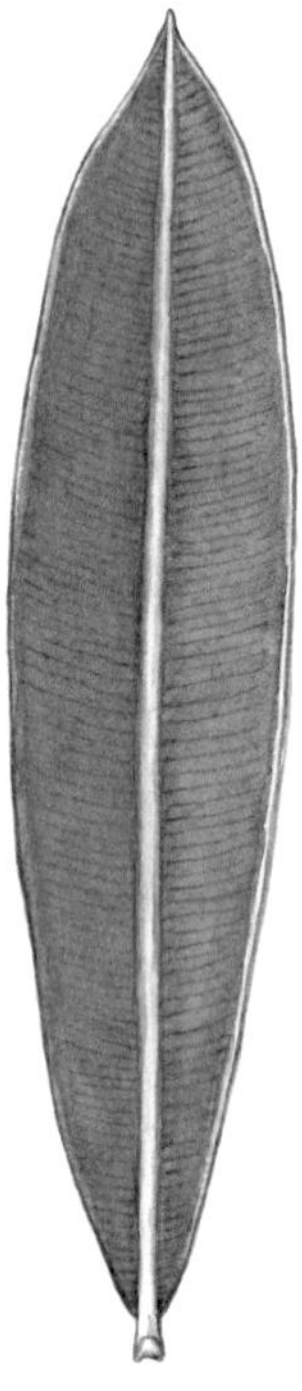

ガガイモとワイワイ学校

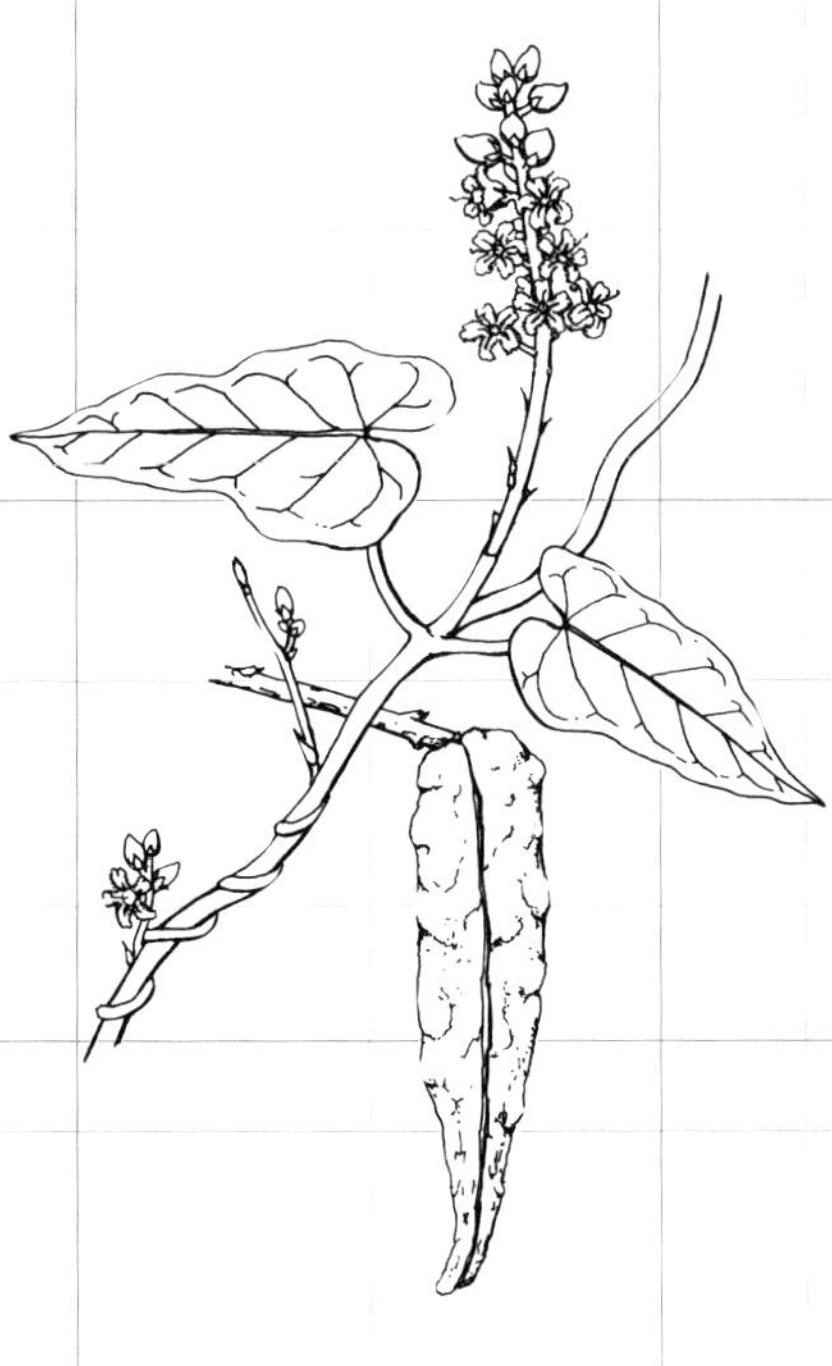

私は、1998年に定年退職を迎えてから、身近な自然観察にのめり込むようになった。昆虫や魚を追いかけていた少年時代のわくわくするような感覚が、体のどこかにしっかり残っていた。そして数年の間に、すばらしい仲間ができた。経歴も年齢もまちまちだが、共通のにおいを嗅ぎつけて自然発生的に集まってきたようなグループである。このグループには誰言うとなく「ワイワイ学校」という名前がついた。私は校長先生とおだてられて小使い役、妻は副校長の要職にあるが、職務内容は「給食のおばさん」である。ちなみに私の名前のイニシャルはYYである。メンバーはわが家で学校を開いてケンケンガクガクをやったり、フィールドに出かけたり、写真や絵画を集めて作品展を開いたり、思い切り楽しんでいる。ただし、ワイワイ学校の生徒たちは落第するのを楽しみに集まって来るようで、誰もなかなか卒業してくれない。困ったものだ。

この仲間たちが、2003年から2004年ぐらいにかけて、ガガイモの花に夢中になった。連日、無数のメールが飛び交い、メールボックスがパンクした人もいた。ガガイモはごくありふれたつる草である。何がそんなにみんなを夢中にさせたのか。それは、この花の不思議な形態と、不思議な受粉生態にある。みんなの綿密な観察や実験から、謎が解け始めた。そして、全体像がほぼ明らかになったとき、これは論文にして出そうよ、という話になった。それがさらにエスカレートして、英文の国際誌にということになってしまった。メンバーの大半はアマチュアであり、最初は躊《ちゅう》躇《ちょ》する声もあった。しかし、論文は研究者の専有物ではあるまい。まして、フィールドの観察などにはアマチュアの人海戦術が大いに役に立つはずだ。それに、ガガイモの分布はシベリアから極東とされていて、西欧には分布していない。花の形態がガガイモ科の中でも特殊なので、この話は西欧の研究者にも読んでもらいたい。そう考えて、ガガイモの観察にかかわった8人の連名で論文を書くことになった。そして、英語はお前が書け、という。私は植物の専門家ではないので、内外の文献を集められる限り集めて詳しく読み、学術用語も克明にチェックして論文書きが始まった。もちろんその過程で熱い議論もあったが、それは私にとっても充実した時間であり、得難い体験だった。そして論文は2006年の暮れ『Plant Species Biology（植物の種生物学）』という雑誌に掲載された。以下にその内容をかいつまんで紹介したいと思う。

柱頭はどこ？

①は、2002年に撮影したガガイモの花である。花の中央から柱頭と見える白い突起が伸びている。ハチが頭を突っ込んでいるが、じつはこのハチはこのポーズのまま死んでいた。よく見ると翅が干からび始めている。今から思うと、この1枚の写真の中にガガイモの謎を解く鍵が潜んでいたのだが、その意味がわかり始めたのは2年後のことだった。

日本および中国の図鑑を見ると、たいていは「ガガイモの柱頭は長い嘴状」と書かれている。先端は2裂したりしなかったりである。ただし、ガガイモ科の花の中で、

②ー手前の花びらを外し、花の中の蕊注を見る

①ー花の上でなぜか死んでいたハナバチ

④ー褐色のクリップにつながった1対の黄色い花粉塊

③ー手前の雄しべを外した蕊柱

⑥ーショ糖液の中で花粉管を伸ばした花粉塊

⑤ー蕊柱の縦断面

⑦ー花粉塊の顕微鏡写真

ヤナギトウワタ

このような嘴状の突起を持つものはきわめて珍しい。日本ではガガイモだけ、中国高等植物図鑑——これはわれわれの仲間が北京で見つけてくれた本で多数のガガイモ科植物が出ているが、これを見ても、嘴状突起をもつものはガガイモを含めて3種類だけだった。また、アフリカのガガイモ科の花を詳しく調査しているイギリスの研究者からのメールでも、自分も1例こういう花を知っているが、世界的に見ても非常に珍しいという。しかも、この先端部はいかにも柱頭のように見えるので、当初、私たちもそう考えていた。

後述するように、ガガイモの花粉は花粉塊となっている。柱頭とされている部分に花粉塊がついていればすぐに見つかるはずだ。ところが、われわれ8人が野外でいくら探してもそういう光景は見つからない。また、無理矢理柱頭の先端と見える部分に花粉塊をくっつけてやっても何も起こらなかった。8人が1シーズンに観察した花の数は少なめに見積もっても1人200個を下るまい。つまり、1500個以上の花を見ても受粉の形跡がなかったことになる。どういうことだろう。

疑問をかかえながら古い本なども調べているうちに、ガガイモ科のトウワタ類の受粉についてはヨーロッパで100年以上にわたる綿密な研究の歴史があり、現在もアメリカで先進技術を駆使した研究が続いていることがわかってきた。トウワタ類はアメリカではポピュラーな野草で、3000キロ以上を旅するオオカバマダラの食草として知られる。トウワタには嘴状の突起はない。じつは、この嘴状突起の先端は柱頭、すなわち受粉面ではなかったのである。本当の柱頭は思いがけない場所に隠れていた。

花と花粉塊

手前の花びらを切り取ってガガイモの花の内部を見たのが②である。白い肉質の扁平な構造は雄しべで、5個あって内側に雌しべを包んでいる。雄しべと雌しべは一部で癒着しているので、蕊柱《ずいちゅう》と呼ばれる。ただしランの蕊柱とはまったく構造が違う。さらに、手前の雄しべを1個外してみたのが③で、黄色い花粉塊が見えてくる。一対の花粉塊は短い柄を通じて茶色いクリップにつながり、ヤジロベー状である(④)。蕊柱の縦断面が⑤である。紡錘形の子房が2個、雌しべ上部の花柱に相当する部分は合わさって1つとなり，その頂部はふくらんで王冠状になる。ここまではガガイモ科の花にほぼ共通する特徴だが、ガガイモではその王冠の頂上がさらに長い嘴状に伸びることになる。

当初私は、ガガイモが受粉するためにはまず花粉塊がほぐれて花粉がばらばらになる必要があるだろうと考えていた。ところが、花粉塊はにかわで固めたように固くて、とてもほぐれそうもない。これも不思議の1つだったが、いろいろ試しているうちに意外なことがわかった。花粉塊を10%ショ糖液に浸すだけで、2~3時間たつといとも簡単に発芽するのである。⑥は5時間経過したもので、花粉管が白い糸のように出ている。なんと、花粉塊はほぐれないままで発芽し、花粉管を伸ばしながらほぐれていくのだ。こういう話がメールで伝えられると、仲間が寄ってたかって確認する。興

⑧ー雄しべと雄しべの間の隙間

⑨ー口に花粉塊をつけたトラマルハナバチ

奮してルーペをショ糖液に落としてしまった人もいた。これらの観察もガガイモの受粉生態を知る上で大きな突破口になった。なお、⑦は花粉塊の中に不規則に並んだ花粉を示したもので、この写真から、花粉塊1個あたりの花粉数は約800個と算定した。

さて、昆虫はどのようにして花から花粉塊を運び出すのだろうか。われわれの野外調査では、ガガイモの有効な花粉媒介者はツチバチ類であることがわかっている。ハチは花びらと蕊柱の間から口を差し込み、花筒の底の蜜を吸う。このとき、雄しべと雄しべの間の隙間が口の通路になる。隙間の真上に花粉塊をつなぐクリップがあり、割れ目が開いている(⑧)。ハチが口を引き抜くとき、口はこの割れ目に挟まれ、そのまま花粉塊を持ち出す。花粉塊が持ち出されるとクリップの割れ目が閉まり、ハチの口を強く挟みつけ、容易には離れなくなる。

⑨は、たまたまガガイモの観察をしていた私のズボンにとまってポーズをとってくれた気だてのいいトラマルハナバチで、口に一対の花粉塊がついている。⑩はガガイモの花に来たヒメハラナガツチバチ、さらに⑪はその口器のアップである。

⑩ー蜜を吸うヒメハラナガツチバチ

⑪ー花粉塊が付いたヒメハラナガツチバチの頭部のアップ

⑬ーチョウかガの口だけが残った

⑫ー触覚が雄しべの隙間に挟まり動けなくなったアリ

ピンチ・トラップ・フラワー

少し脱線するが、上のようにして昆虫が花粉塊を運び出すときに、小型のチョウやガなど力の弱い連中は雄しべの隙間やクリップの割れ目に口を挟まれてしまって逃げられないことがある。私たちの観察でもこういう昆虫が数例見つかっている。このように昆虫を挟み込んでつかまえてしまう花は、ピンチ・トラップ・フラワーと呼ばれる。アリは受粉媒介者ではないが、蜜を求めてしょっちゅう花のまわりをうろついていて、花に捕まってしまうことが多い⑫。触角がぴたりと雄しべの隙間に挟まれていて逃げられない。5個の隙間の全部にアリが挟まれて、アリの花が咲いたようになることもある。ここで、①をもう一度見返していただきたい。ハチがどうしてあんなポーズのまま死んでいたのか、花の中で何が起こっていたのかが見えてくる。これもやはりアリと同じように、雄しべの隙間に口を挟まれて捕まってしまった犠牲者だったのである。

さらに、ガガイモの花を子細に見ていると、こんな不思議なシーンも見つかる⑬。クリップの割れ目に挟まれたゼンマイは小さなチョウかガの口である。花粉塊の片方が外れかけているが、小さな昆虫はそこで力尽きたようだ。そして本体は、スズメバチか、あるいは花のまわりをうろついているカマキリかハナグモか、犯人は特定できないが、犠牲になったものと思われる。しかしこの写真から、昆虫がどのようにして花粉塊を運び出すかがはっきりわかる。

フウセントウワタ

おもしろい話がある。昆虫が花に捕まってしまったのでは受粉の邪魔になるだけで、何の役にも立たない。そこでクモが捕まった昆虫を掃除してくれたら、花としては助かる。それで、これは花とクモとの共生だと考えた19世紀の学者がいる。ただしこのアイデア、あまりひろがらなかったようだ。

受粉の仕組み

昆虫が花粉塊を持ち出すところまではわかったが、受粉はどのようにして起こるのか。そして本当の柱頭はどこか。それを突き止めるのに、トウワタの受粉の研究が大いに参考になった。トウワタには「柱頭室」という概念がある。⑭はフウセントウワタの花の断面で、やはり子房が2個あり、矢印で示したポケットが柱頭室である。蕊柱の隙間から花粉塊がここに入って発芽するのがトウワタ類の受粉とされる。ガガイモの柱頭室に当たる部分を⑮に矢印で示した。この部分を横断面にしたのが⑯である。雄しべの葯と雌しべの花柱に囲まれた、写真では黒く写っているポケットが柱頭室である。雄しべは5個なので柱頭室も5個ある。さらに一部を拡大したのが⑰である。花柱側面に透明な乳頭突起が並んでいて、これが受粉面、すなわち柱頭である。そしてガガイモ科の花に特有の花柱上部の王冠状のふくらみの部分は柱頭と区別するため、われわれはこれを「柱冠」と呼ぶことにした。

花粉塊はどこから柱頭室に入るのか。⑱は雄しべの間の隙間を拡大したものである。

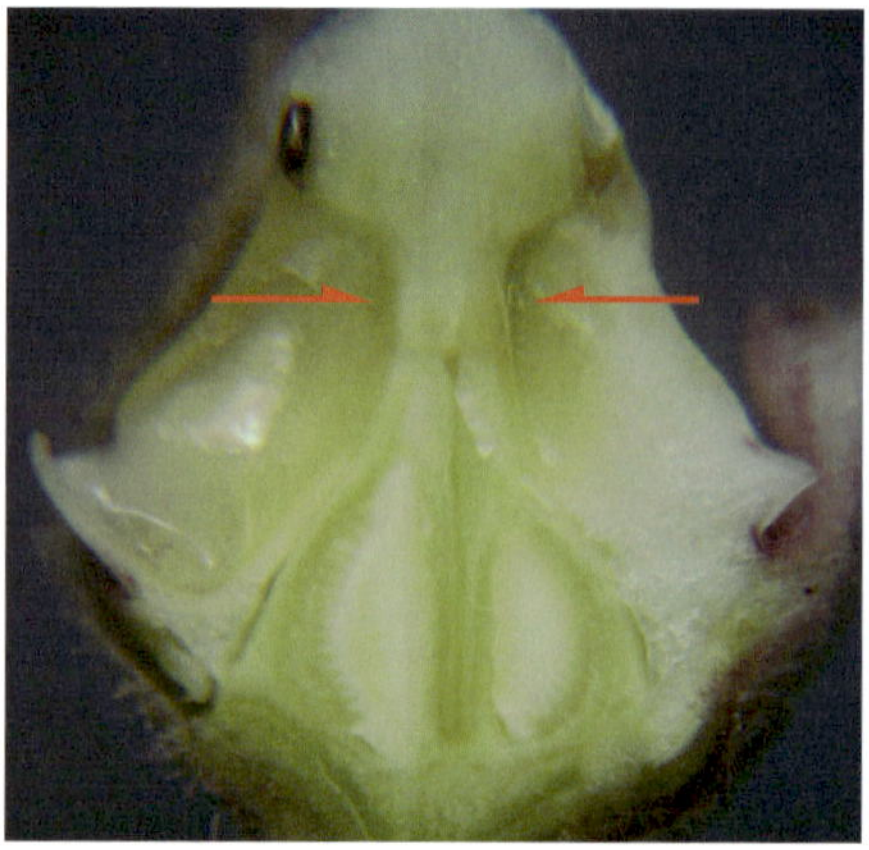

⑮ーガガイモの花粉室。矢印は柱頭

⑭ーフウセントウワタの花の断面。矢印は柱頭室

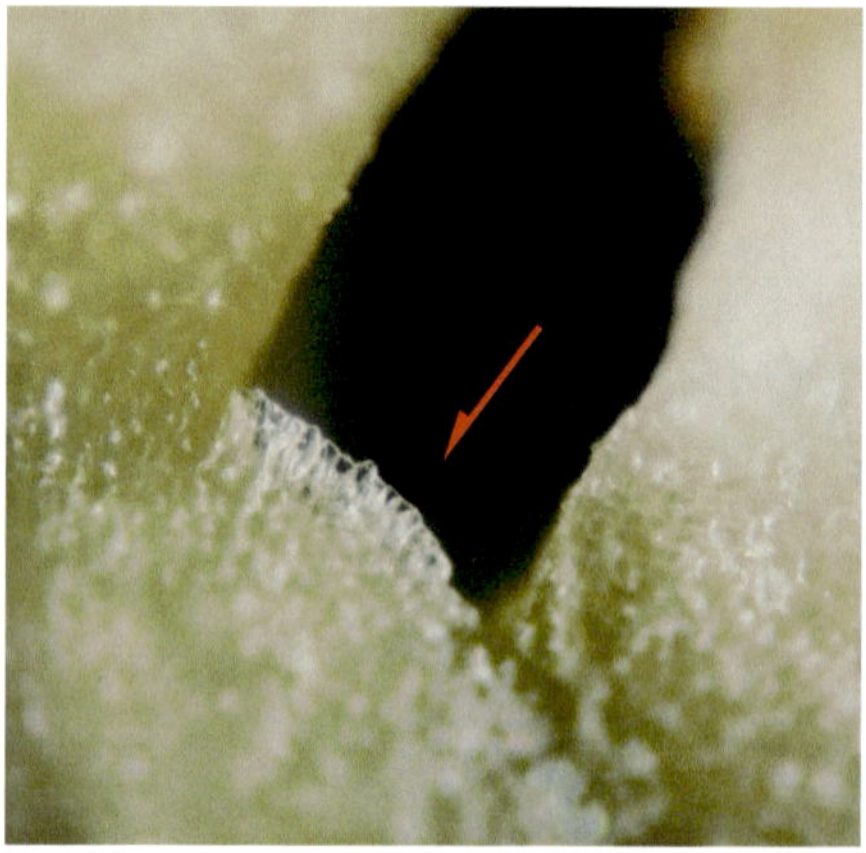

⑰ーガガイモの柱頭の乳頭突起（矢印）

⑯ーガガイモの柱頭部分の横断面

⑲—ガガイモの両性花

⑳—美しい綿毛をつけた種子が飛び立とうとしている

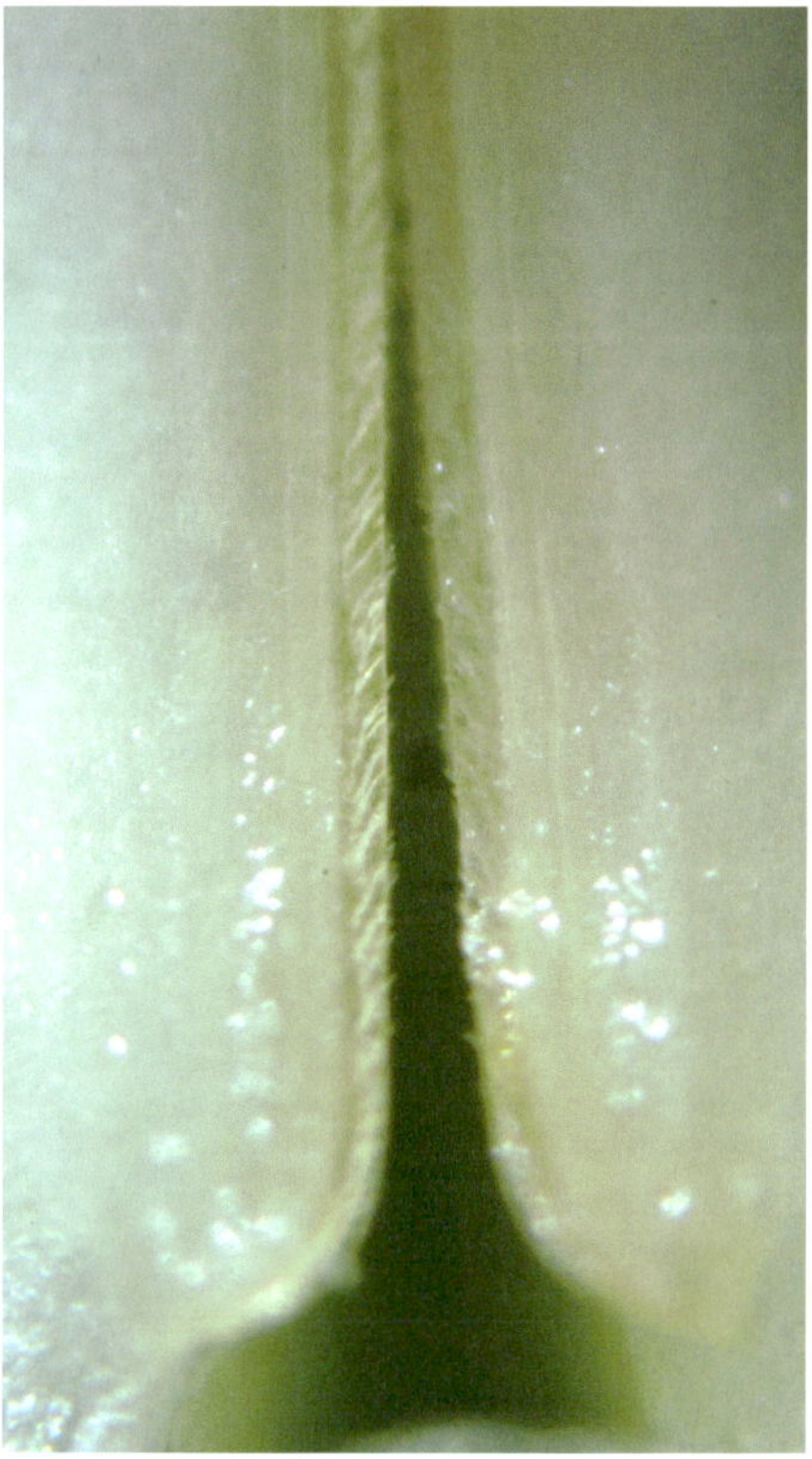

⑱—ガガイモの雄しべの隙間の拡大写真

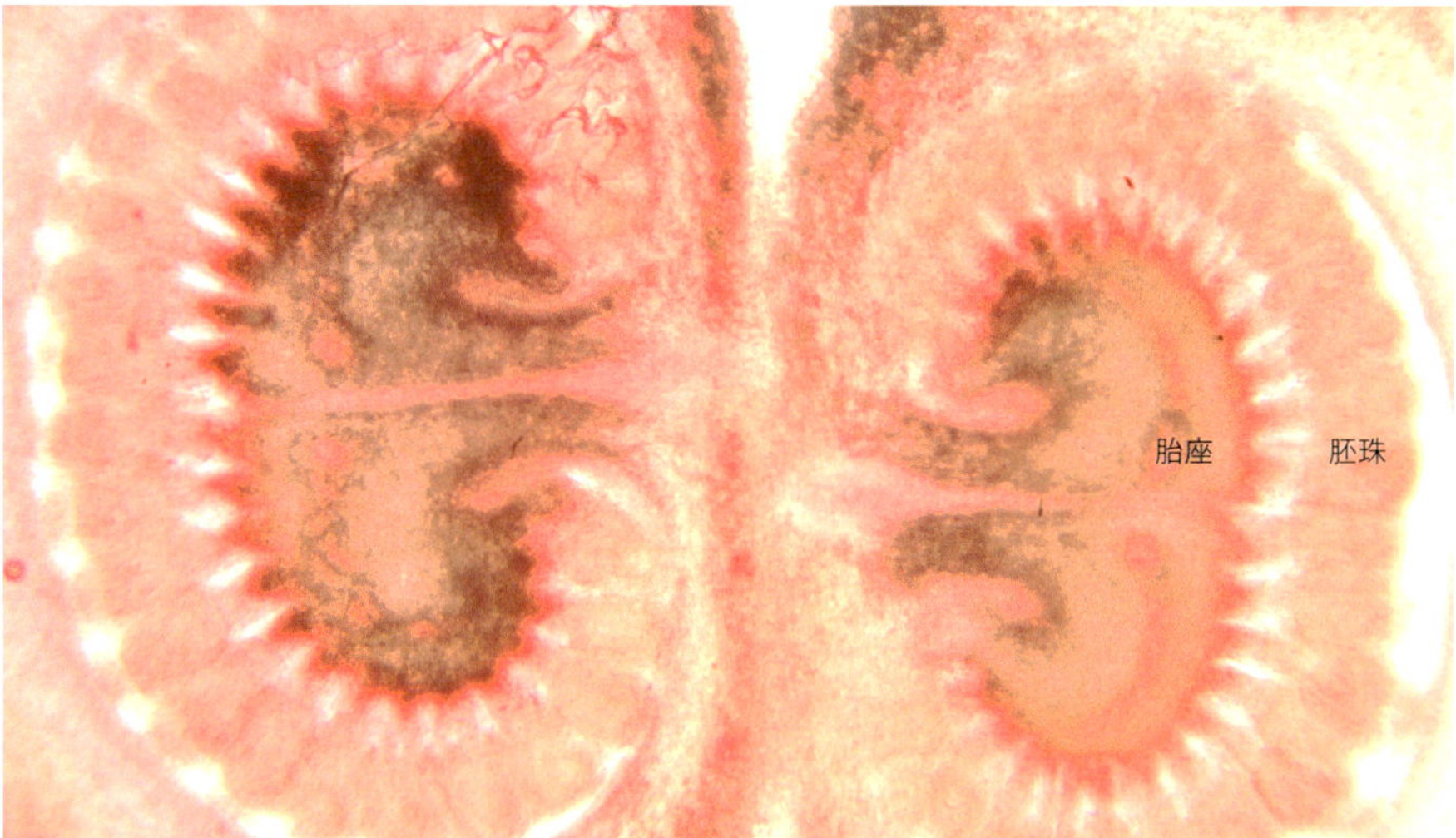

㉑—ガガイモの子房の断面(染色標本)。もずく形の胚珠が整然と並んでいる

下部に三角形のスリットが開いていて、ここが花粉塊の入り口である。口に花粉塊をつけた昆虫が花筒の底の蜜を吸い、引き抜こうとすると花粉塊がこのスリットに入る。さらに雄しべの隙間にそって口を引き抜こうとすると、花粉塊の柄が切れて花粉塊だけが内側に残る。隙間には上向きの櫛のような構造が並んでいて、昆虫の口を上へ誘導するガイドレールの役目をしている。内部は柱頭室に至るまで蜜で満たされている。これらは昆虫の口の動きを模倣した人工授粉実験によっても確かめることができた。さらにわれわれの観察で、花粉塊の入り口に当たるスリットが閉じたままの花が全体の40％近くあることがわかった。このタイプの花は子房が未発達で、花粉管の誘引能力もなく、もちろん結実もしない。しかし花粉塊は正常なので、これは「雄花」だということになる。従来の図鑑などではガガイモ科の花はすべて両性花だとされ、雄花の記載はない。これもわれわれの論文の新しい発見になった。

野外で自然受粉した花の柱頭室の断面を調べたのが⑲である。花粉塊が1個入っていてすでに発芽し、無数の花粉管が柱頭面に向かって伸びている。これがわれわれのたどり着いたガガイモの受粉の生態である。仲間の一人は毎晩のようにガガイモの花を解剖し、実に90個に及ぶ柱頭室を丹念に調べた。そしてそのうち10個に花粉塊が入っていること、そのすべてが発芽していることを突き止めた。ある仲間は多摩川で若い実のすべてにマジックインクでマークして回った。別の仲間は爪楊枝を髪の毛より細く削ったものをハチの口の代用品にしてガガイモの花粉塊を吊り上げてみせた。ガガイモはほんとにイモなのか、と自分の背丈より長い根を掘りあげた人もいる。それら

根を掘ったがどこにも芋と呼べるような部分は見当たらなかった

は、論文には出したとしても簡潔な記述にしかならないが、観察記録にずしりとした重みを与える。ある仲間が描いたガガイモの精密なカラー・アート（92ページ）は論文に花を添えた。とにかく、ワイワイ学校にガガイモの嵐が吹き荒れてみんなが燃えた、わくわくする日々だった。

結実

論文が出て、さすがのガガイモの嵐もやや下火になった。しかし観察は今も続いていて、新しく見つかった事実もある。それらも交えて、結実の話にも少し触れておきたい。ガガイモは長さ15センチほどの緑色で紡錘形の実をつける。晩秋に熟すと縦一文字に裂けて、やわらかい毛を持った種子を風に飛ばす（⑳）。種子が全部飛んでしまうと、あとに丸木舟のような格好の殻が残る。神話伝説では、少彦名命（スクナヒコナノミコト）という小人の神様がこのガガイモの舟に乗って出雲の国にやってきたという。この神様は各地の温泉の発見に功績を残した。

ガガイモの子房は2個ある（㉑）。中を見ると胎座《たいざ》があり、これに胚珠がついていて、この胚珠が毛のある種子へと育つ。しかし両方の子房が結実することはまれで、たいていは実が1個しかつかない。仲間の一人が566個の実を調べたところ、2個とも結実していたのは14例、2・5％だった。この566という数字もずしりと重い。しかしなぜ片方しか結実しないのだろうか。子房の上は花柱になっているので、そこを

ISSN 0913-557X
Volume 21
Number 3
December 2006

PLANT SPECIES BIOLOGY

An international journal of plant population biology and biosystematics

Blackwell Synergy

Blackwell Publishing

Plant Species Biology (2006) 21, 193–199

doi: 10.1111/j.1442-1984.2006.00165.x

Andromonoecious sex expression of flowers and pollinia delivery by insects in a Japanese milkweed *Metaplexis japonica* (Asclepiadaceae), with special reference to its floral morphology

HAJIME TANAKA,* TAKEO HATANO,† NORIKO KANEKO,‡ SUGATAKO KAWACHINO,§ OSAMU KITAMURA,¶ YURIKO SUZUKI,†† TAEKO TADA‡‡ and YOSHIHITO YAOI§§

*2-18-19 Minami-otsuka, Toshima-ku, Tokyo 170-0005, Japan, †4-13-19 Den-en-choufu, Oota-ku, Tokyo 145-0091, Japan, ‡2-22-15 Nisi-siba, Kanazawa-ku, Yokohama 236-0017, Japan, §4-4-8 Fukazawa, Setagaya-ku, Tokyo 158-0081, Japan, ¶2241-1 Naruse, Machida, Tokyo 190-0044, Japan, ††3-9-23 Maechi, Urawa-ku, Saitama 330-0053, Japan, ‡‡1-6-5 Komagome, Toshima-ku, Tokyo 170-0003, Japan, and §§1-30-1-212 Minowa-cho, Kohoku-ku, Yokohama 223-0051, Japan

Abstract

Pollination ecological studies of *Metaplexis japonica* Makino were carried out in central Japan. We found that the flowers were andromonoecious; the proportion of hermaphrodite flowers was 61%. Unlike other Asclepiadaceae flowers, *M. japonica* has a unique and outstanding long protrusion on the pistil end, which looks like a stigma. However, we confirmed that the true stigma is present on the lateral surface of the style, as it is in other Asclepiadaceae flowers. Various insects visited the flowers for nectar and the most effective pollinators were scoliid wasps. The pollen/ovule ratio was 21 and the fruit set of the hermaphrodite flowers was 11%.

論文が載ったPlant Species Biologyの表紙と論文のタイトル。著者は，田中肇、金子紀子、川内野姿子、鈴木百合子、北村治、多田多恵子、秦野武雄、矢追義人の連名

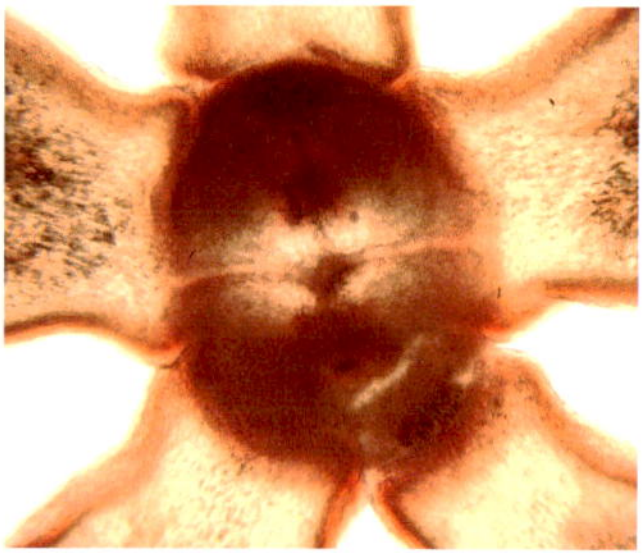

㉒—柱頭部分を通る蕊柱の断面（染色標本）

断面にしてみる（㉒）。5個の雄しべが花柱と癒着していて、その間の空間が上部の柱頭室に続いている。花柱の中央に横に走る溝が見える。つまり花柱はこの仕切りで2つのパートに分かれていて、それぞれ1個ずつの子房につながっている。5個の柱頭室はこの仕切りの両側に3個と2個というふうに配分される。したがって、1か所の柱頭室で受粉が起こっても花粉管は片方の子房にしか入れない。たまたま仕切りの両側の柱頭室に花粉が入った場合のみ、2個とも結実するのである。

以上が私たちの見つけたことの概要である。それにしても、ワイワイ学校の仲間たちのマグマが次にいつまた、どんな形で爆発するか、とても楽しみである。

キョウチクトウの仲間たち

①ーテイカカズラの花は香りがいい

夏を咲き続けるムクゲ、サルスベリ、キョウチクトウなどはどれも外国生まれで、どこかエキゾチックな雰囲気をもった花たちである。その中でキョウチクトウはガガイモと血縁関係が深く、キョウチクトウ科とガガイモ科を合わせて1つの科とする分類体系もある。日本のキョウチクトウは、インドから中国を経て渡来したものと西洋キョウチクトウがあるが、それらの結実の話は興味深いのだが、栽培されているキョウチクトウは長年にわたり品種改良と栄養繁殖がくり返されているために、受粉生態を詳しく調べようとすると迷宮入りしてしまうことが多い。それでまず、日本に自生しているキョウチクトウの仲間たちの花を見ることにしよう。

テイカカズラ

キョウチクトウ科の植物は熱帯系のものが多いが、日本で最もポピュラーなのはテイカカズラ(①)である。山野に多く見られ、生け垣などにも栽培される。藤原定家がこの植物に姿を変え、思いを寄せた式子内親王の墓にからみついた、という伝説がある。

白から淡いクリームイエローになる花びらはスクリュー状にねじれる。中をのぞき込むと、茶色いとんがり帽子が見える。これは5本の雄しべの先端の葯が合わさったもの。それに向かって周りから突き出ているのは「副花冠」と呼ばれる(②)。花を縦切りにしてみると、だいぶ全体像が見えてくる(③)。下に子房があり、その上に蜜がある。花柱が子房から長く伸び、雌しべの先端にはテントの屋根のような葯がかぶさっている。ここでまず、昆虫が花筒の底にある蜜を吸うためには、口をどこに差し込まねばならないか、考えてみていただきたい。これは、この写真でいえば燕尾服のような葯と花びらの間しかない。さらに詳しく見れば、②で示したように、葯と葯の間の隙間が昆虫の口の通路になる。

雌しべと雄しべの先端を拡大してみたのが④である。非常に複雑な構造になっているが、赤い矢印が雌しべの先端である。ふつうの植物ではこの部分が受粉面、つまり柱頭になる。しかし、この部分は雄しべの葯に囲まれた密室のトライアングルになっている。葯の先端は爪のようになってしっかり合わさっていて、これでは同花受粉しかできない。しかも、蜜のある場所はここではないし、昆虫がここ口を差し込むとは思えない。いったいどうなっているのか、これも私にとって大きな謎だった。その謎が、ガガイモの観察からようやく解けた。結論を言えば、柱頭は雌しべの先端ではなく、④で示した位置にあるのだ。これはガガイモの花の柱頭と相対的に同じ位置にあたる。

証拠をお目にかける。まず、寒天培地の上に雌しべを置き、その側のいろいろな場所に花粉を置いて発芽させてみる。花粉管が一直線に伸びて入って行くところが柱頭である(⑤)。次に、柱頭に人為的に花粉をつけてみる。花粉が発芽して柱頭の乳頭突起の間に入っていくのがおわかりいただけよう(⑥)。じつは、キョウチクトウを含め、この科の人工授粉は古くから試みられていた。キョウチクトウの仲間のヒメツルニチニチソウの人工授粉をはじめて行ったのはチャールズ・ダーウィンだという。その方

③ーテイカカズラの花の縦断面

②ーテイカカズラのとがった葯の先端と5つの副花冠

④ーテイカカズラの葯と柱頭の位置関係を示す断面

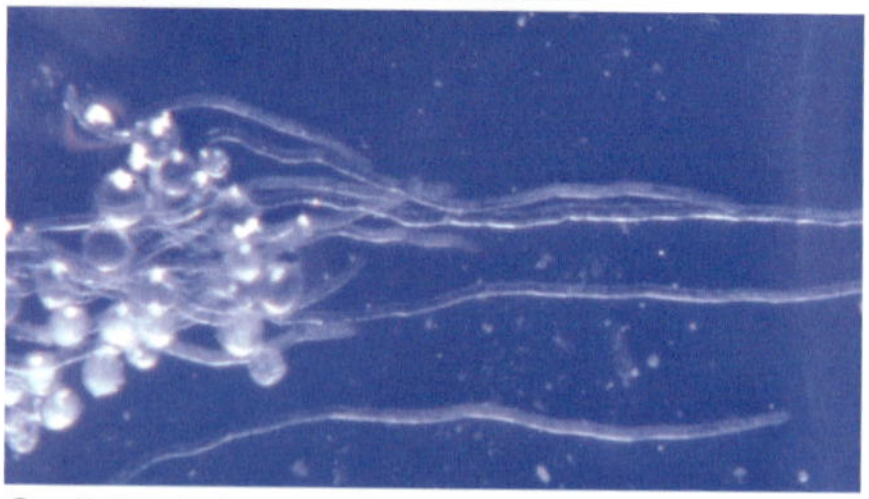

⑤ー柱頭に向かってのびているテイカカズラの花粉管

⑦ー口がテイカカズラの葯の隙間に挟まり、花に捉えられたナミアゲハ

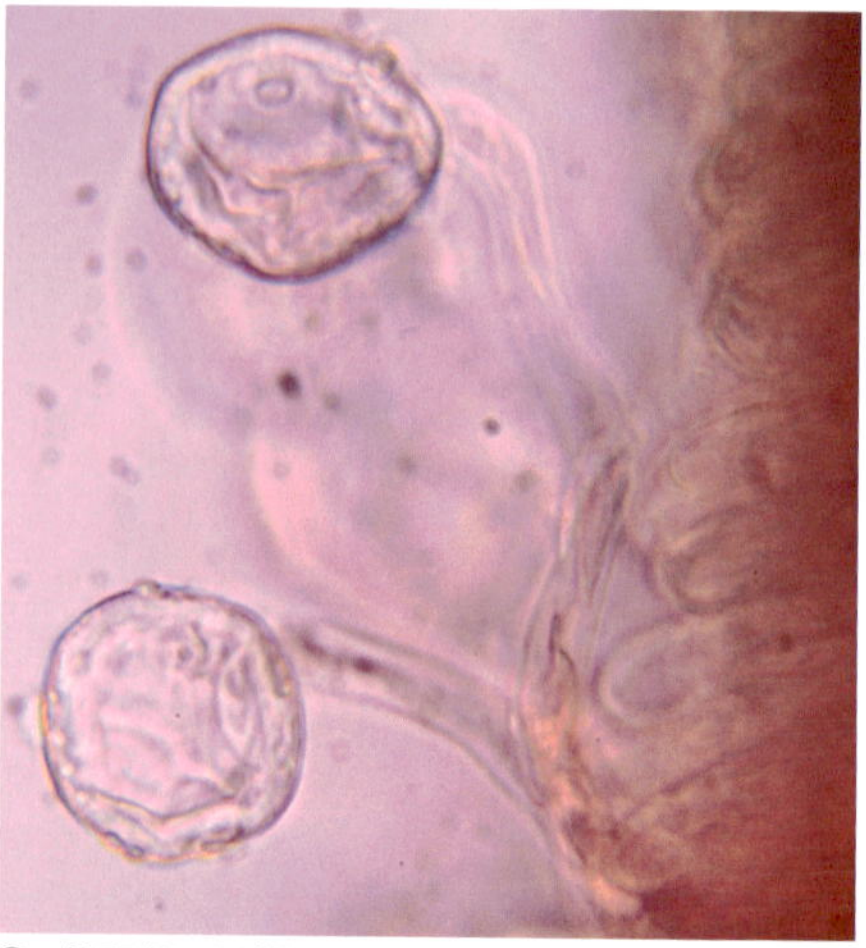

⑥ー柱頭部に入り込むテイカカズラの花粉管(染色標本)

⑩ーチョウジソウの花を訪れたコマルハナバチ

⑪ーチョウジソウの雌しべの先端。柱頭はフリルの内側にある

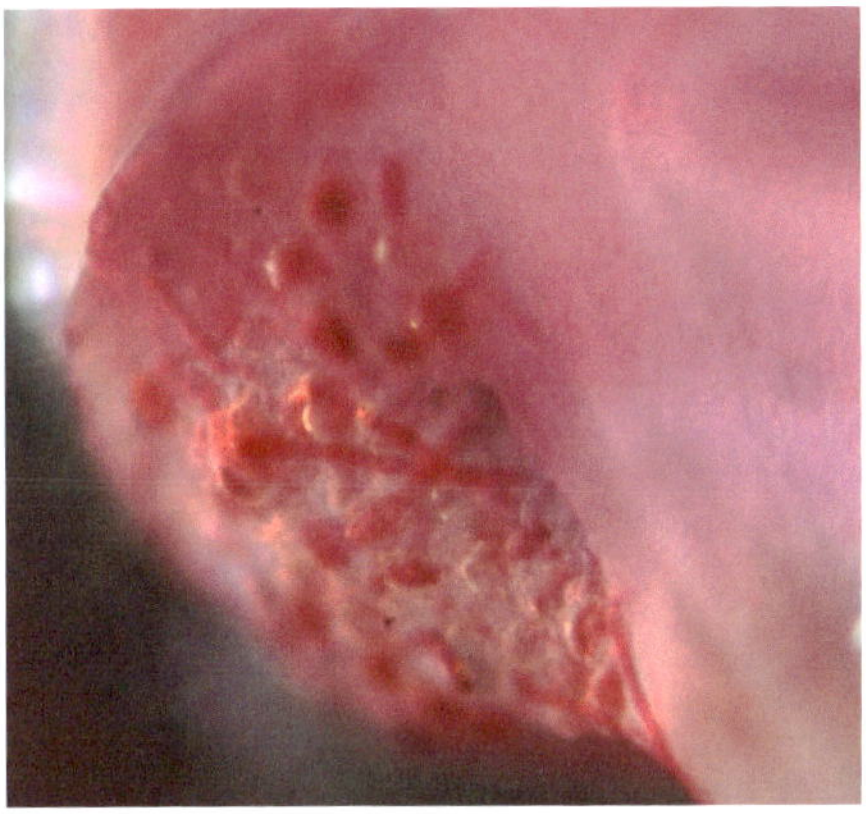

⑫ーチョウジソウの柱頭で赤く染色した花粉管が伸びている

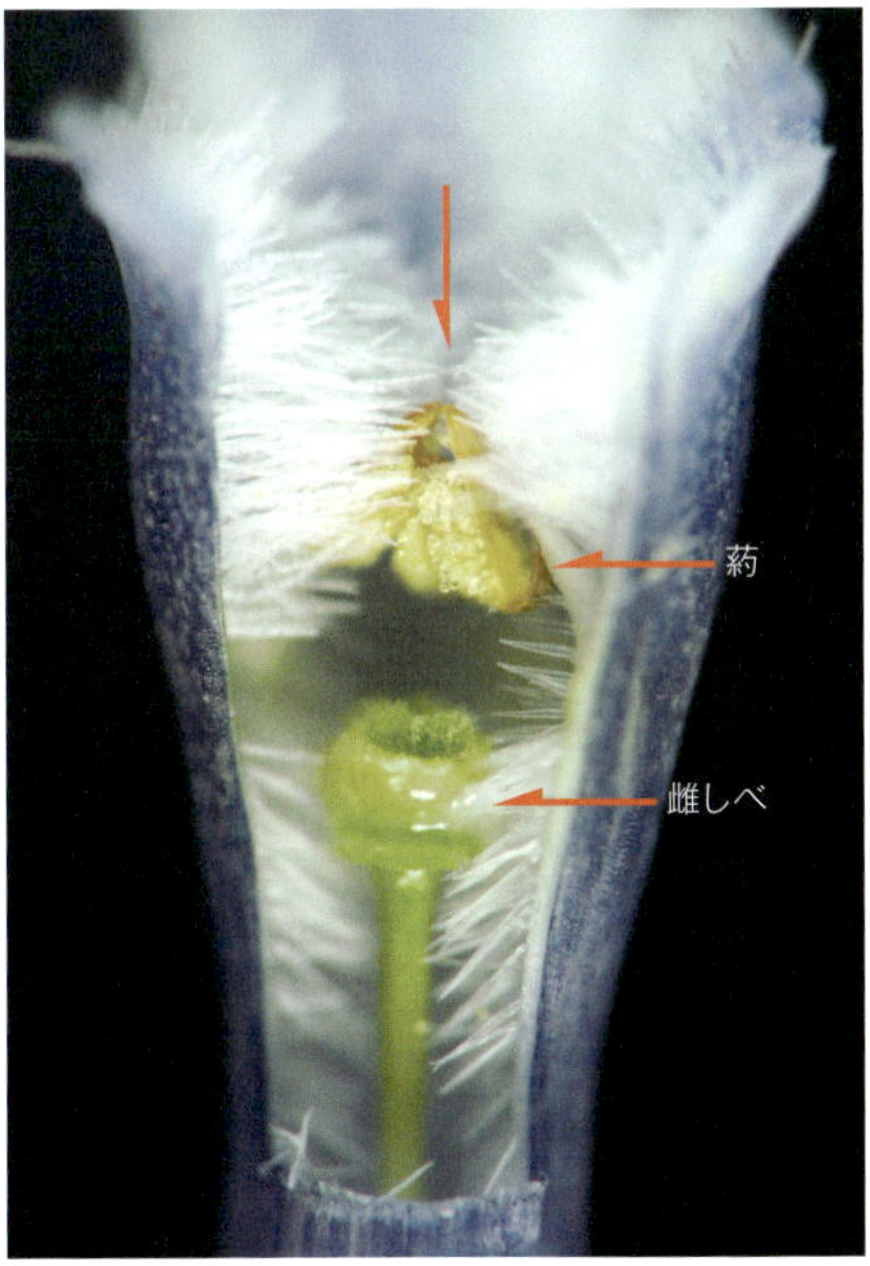

⑨ーチョウジソウの花の内部

⑧ーチョウジソウ

法は、まず細い繊維を、隣接する葯の間から花筒の奥まで差し込む。一、二度上下させると葯の内側の花粉が繊維につく。この動作をほかの花でくり返せば、繊維に付着した花粉が柱頭になすりつけられる。これは昆虫が花筒に口を差し込んで蜜を吸う行動を模倣したもので、まことに理にかなった方法である。ガガイモやキョウチクトウの仲間の柱頭は一風変わった位置にあって外からは見えないのだが、受粉の正確な仕組みはすでにこの時代に知られていたのだ。キョウチクトウについては、この方法で繊維に付着した花粉数は320、花1個あたりの花粉数は1710と報告されている。ただ、残念なことに、これらの知見は日本ではほとんど紹介されることがなかった。

テイカカズラの花は、ガガイモと同じくピンチ・トラップ・フラワーである。チョウやガは葯の間の隙間に口を挟まれてつかまってしまう。⑦は花を訪れたナミアゲハで、下の写真のように羽をしきりにばたばたやるのだが飛び立つことができず、1分間ほどこの状態でつかまっていた。結局、チョウは自力で脱出したが、そのあとの花を調べても受粉した形跡はなかった。小型のガなどはつかまったままになってしまうものも多い。つまり彼らは有効な授粉昆虫ではない。テイカカズラは夜香る花であり、スズメガ類が授粉昆虫ではないかと想像されていて、目撃情報もあるのだが、残念ながら私はまだ確認していない。

チョウジソウの花

チョウジソウ

チョウジソウもキョウチクトウの仲間である。5月ごろに咲く青紫色の花は清楚ですがすがしい⑧。サクラソウなどに混じって河原の湿地などに生えるが、生育環境が激減しているため絶滅危惧種となっている。ただしその分保護もされているし、栽培も容易なので、目にする機会は比較的多い。

手前の花びらを外して中をのぞいてみる⑨。やはり葯の内側に花粉が出ている。ハチがこの花に口を差し込み、葯と葯の隙間と花筒の奥の花粉を吸う⑩。口の通路は⑨の下向きの矢印で示したように、葯と葯の隙間と花びらの間である。さらに拡大してみると、テイカカズラの花とは少し違って、雌しべの上部のふくらんだ部分、われわれがガガイモの観察から柱冠と呼んでいる部分の下部にミニスカートのようなフリルがついている⑪。同じようなフリルはキョウチクトウ科のニチニチソウやツルニチニチソウにもある。そしてこの場合の柱頭は、フリルの内側の花柱側面にある。ハチは口を引き抜くとき、くっついていた花粉がこのフリルの内側にこそげ落とされ、そこで花粉管を出す。花びらの内側の白い毛は、ハチの口を中央部に押しつける役目をしているのではないだろうか。人工授粉させたフリルを下から見上げた景色が⑫である。染色してあって、花粉と花粉管は赤く染まっている。そして、花粉管はフリルの屋根裏に上向きに入るのではなく、水平方向に、花柱側面の柱頭部に向かって伸びる。テイカカズラもチョウジソウも子房は2個で、2叉した棒状の果実がつく。

満開のキョウチクトウ

⑭—キョウチクトウの実の横断面

⑬—実をつけたキョウチクトウ

⑯—白花一重（左）とピンク半八重（右）のキョウチクトウの種子の比較

⑮—熟したキョウチクトウの実から種子が出てきた

⑱ーキョウチクトウの雄しべと、雌しべの先端部の拡大

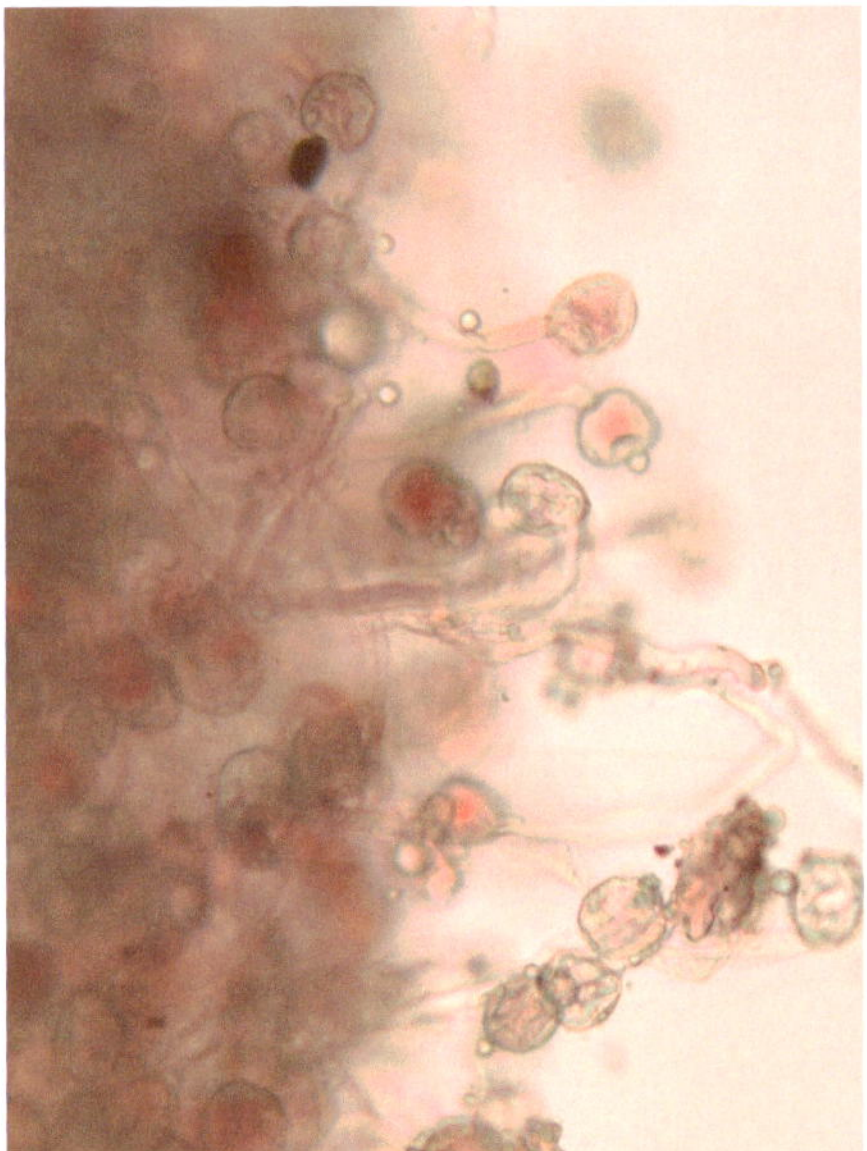
⑲ー柱頭部で花粉管が伸びたキョウチクトウの花粉管

⑰ーキョウチクトウの雄しべの付属体

テイカカズラ

キョウチクトウ

さて、キョウチクトウに戻ろう。キョウチクトウは、日本では適切な授粉昆虫がいないため結実しにくい、という話がかなり流布しているようだ。しかし、キョウチクトウは日本でも結実する。白花一重のものが最も結実しやすい。ピンクの品種では一重、雄しべが半分ほど残る半八重、八重などがあり、完全な八重咲き以外はどれも結実し、種子の発芽率も非常にいい。⑬はピンクの半八重の果実で、9月末に撮影したものだが3個の果実が見え、さらにその周りを探すともう3個ほど結実しているものが見つかる。全体としての結実率は決して高くないのだが、このように果実が局部的に集まってつく傾向がある。これはおそらく昆虫の訪花習性が関係しているのだろう。子房はテイカカズラやチョウジソウと同じく2個だが、果実は2叉せず1本の棒状で、長さは十数センチ。若い実を断面にしたのが⑭である。子房は両方とも結実しているが、両者の融合が進んでいて果実が1個になる。⑮は白花一重の果実で、冬に熟して2裂し、毛のある種子が多数出てくる。⑯は白花一重(左)とピンク半八重(右)の種子を比べたもので、白花の種子のほうがかなり小さい。観賞用に栽培されるのは八重咲きの品種も多いので、それが「結実しない」と言われる一因だろう。

花の形がおもしろく、5個の雄しべの先端に白い毛糸のような付属体がつき、それが縄のようにねじれている⑰。不思議な構造だが、この綿帽子を取ってしまえばテイカカズラの花そっくりになる。雄しべと雌しべの先端部分を拡大してみると、それがさらによくわかる⑱。雌しべの先端はやはり葯に囲まれた密室になり、内側に向かって花粉が溢れている。そしてこの場合も、柱頭は図に示した位置にある。テイカカズラと同じように人工授粉させてみると、この部分で花粉が発芽することがわかる⑲。

しかし、日本には授粉昆虫がいない、というのは本当だろうか。また、自生地には「適切な授粉昆虫」がいるのだろうか。いるとすればどんな昆虫なのか。それが私には長年の疑問だった。その疑問を解くためには自生地のキョウチクトウを調べる必要がある。

最初に、日本のキョウチクトウのルーツはインドと書いたが、さらにそのルーツを辿ると地中海沿岸、ヨーロッパ南部とアフリカ北部の乾燥地帯の西洋キョウチクトウに行き着くようだ（麓次郎『季節の花事典』八坂書房）。それが、おそらく人の手によって東へ東へと運ばれたと思われる。たまたま、スペイン南部に自生する西洋キョウチクトウの受粉生態を詳しく調べた１９９１年の論文を入手することができて、この辺の事情が大分はっきりしてきた。

西洋キョウチクトウも多くの園芸品種が作り出されているが、野生種はピンクの一重咲きとされる。そして西洋キョウチクトウにも日本のキョウチクトウにも蜜がない。花粉も雄しべに囲まれていて露出していない。つまり、昆虫に差し上げるご馳走がない。しかし、雄しべと雌しべの構造からして、同花受粉は不可能であり、どうしても昆虫に頼らねばならない。つまり、昆虫が「だまされて」花筒に口を差し込み、蜜を

キョウチクトウの花に挟まれて死んだハナバチ

探すという行動をとってくれる、わずかなチャンスを待つことになる。なお、雄しべの先端に伸びる綿帽子は、昆虫にとって雄しべに見える「雄しべだまし」ではないかと推測する研究者もある。

スペイン南部に自生する西洋キョウチクトウについて、1987年から88年にかけての2年間、都合約21時間にわたる観察で、昆虫の吸蜜行動が記録されたのはわずかに8例だった。昆虫はクマバチ類、コハナバチ類、ミツバチなどの小型のハチ類、ミツバチなど、とりわけ珍しいものではなく、日本でもふつうに見られるものだ。訪花頻度が高かったのはクマバチ類で、これが最も有効な受粉媒介者と思われる。また、結実率も0・1～4・9％と非常に低い。しかし、キョウチクトウは花数も多く長期間咲き続け、結実すれば果実あたり200個近い種子ができるので、受粉の確率は低くても十分に子孫を残せるのだろう。

つまるところ、自生地でも特別な、キョウチクトウ専用のスペシャリストの昆虫がいるわけではない。日本でも昆虫の訪花はきわめてまれだが、ミツバチが花から花へ飛び回り、花筒に潜り込むのは私も何度か目撃している。チョウなどは気まぐれにやってきて花をのぞき込むが、口を差し入れることはなくぷいと行ってしまう。そしていずれにせよ結実率は低い、というのが結論である。

それにしても、ガガイモやキョウチクトウは、なぜ柱頭をわざわざ受粉しにくい花の内側に隠してしまったのだろう。これはまだ解けていない謎である。

ひっつき虫とマジックテープ――オオオナモミ

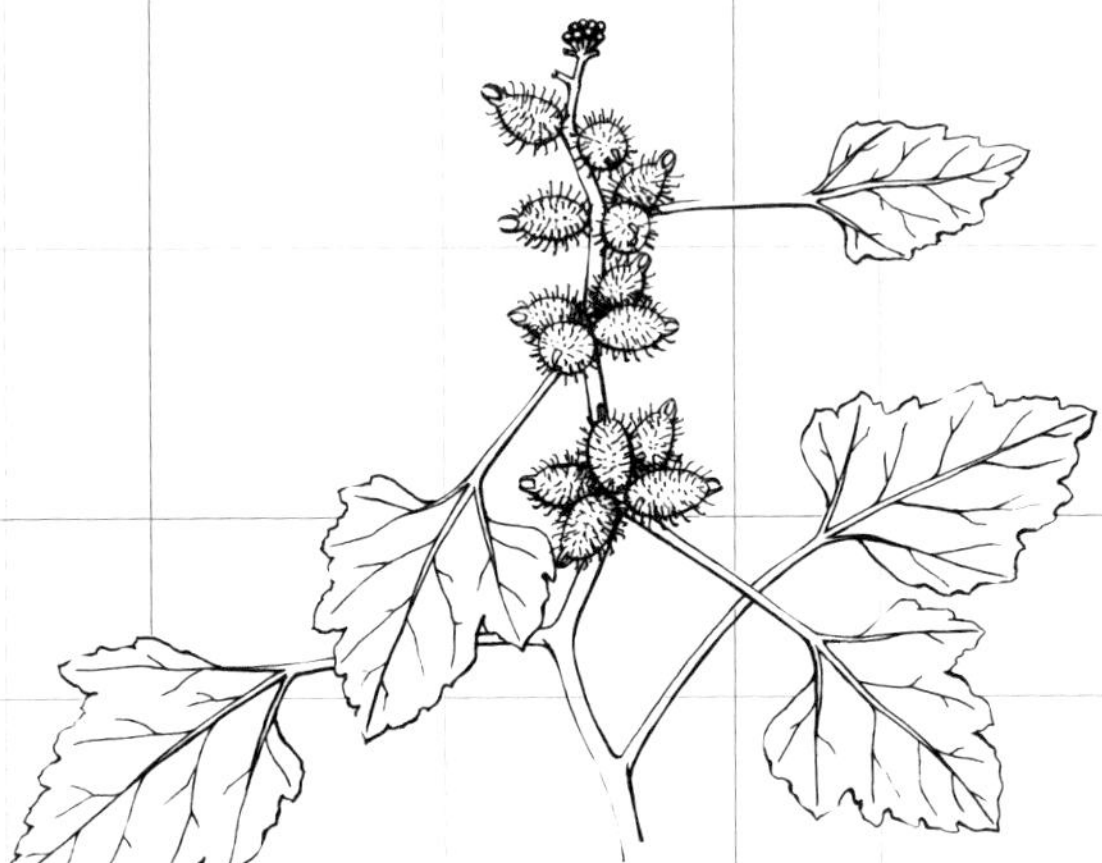

ゴボウ

マジックテープの由来

秋の野の「ひっつき虫」の代表選手オオオナモミ(①)。「ひっつき虫」とは、人の衣服や動物の毛にくっつく実のことで、ヒトや動物に実を運んでもらうので、ヒッチハイカーとも呼ばれる。

オオオナモミの実の全面には、鉤針のようなトゲがある。上部の2本のトゲはほかと少し違って、くちばし状になる。これは雌しべの柱頭が出ていた跡である。オオオナモミは新しい帰化植物で、近年は在来種のオナモミを見ることはまれになった。

よく、マジックテープの発明はこのオナモミのイガがヒントになったと言われる。マジックテープを発明したのはスイス人のエンジニアで、実用化は1950年ごろ。犬を連れてハイキングに行ったら草の実のイガが犬の毛にたくさんついたので、それがヒントになった、という「伝説」がある。マジックテープというのは和製英語で、欧米では「ベルクロー」と言えば通じる。これはフランス語のベルベット(ビロード)とクローシェ(鉤針)の2語を合成した言葉である。なぜそう呼ぶかは、マジックテープの構造を見ると納得が行く。②はマジックテープの鉤針側である。鉤針は90度ずつずれて4方向を向いている。③はベルベット側で、この製品ではループになっている(③)。つまり、鉤針側とベルベット側とがぴたりと合わさってくっつくのだ。

ところが、外国製の手芸用マジックテープの説明書によると、そのひっつき虫はオナモミではなく、ゴボウだという(多田多恵子、私信)。ゴボウはわが国には縄文時代に渡来したらしく、その根を食用にするのは現在日本と朝鮮半島だけらしい。日本には自生していないが、ヨーロッパの草原ではごくふつうな野草で、若葉をサラダにすることもあるという。その花④と実⑤を見ると、やはり見事なイガイガである。考えてみると、オオオナモミはメキシコ原産とされているので、ヨーロッパのイガイガ植物はゴボウのほうがずっと自然である。

わが国ではマジックテープの発明より古くから、オナモミのイガイガが利用されていた。九州で、手すき和紙を漉《す》くのに細い竹ひごで編んだ簀《す》の子を使うが、これを掃除するには、オナモミのイガの実を野球のボールほどに丸めたタワシにしてこすると具合がいいそうだ。また、東南アジアではこの種子を食用にするところがあるという。そのためにイガイガを割る専用の道具もあるそうだ。たしかに、見るからに栄養のありそうな種子だ。

時間差発芽

オオオナモミは同じ株に雄花⑥と雌花⑦がつく。雄花はたくさん集まって雄しべから花粉が出ている。雌花の方はあまり花らしくなくて少しわかりにくい。写真の2か所の矢印、将来実の「くちばし」になる部分から2裂した白い柱頭がのぞいているだけである。しかしこれが成長してイガイガの実になる様子は、この時点ですでに見てとれる。

②ーマジックテープの鉤針面。虫眼鏡で見ると、微細な鉤針が並んでいる

③ーマジックテープのベルベット面。ぎっしり並んだループ状の繊維に鉤針がひっかかるしくみだ

①ーオオオナモミの実。植多数の苞が集まってできた総苞が実を包みこんだもの。トゲは総苞片に由来する

⑤ーゴボウの実。秋には茶色く熟して硬く乾き、基部からもげて服にくっつく

④ーゴボウの花。キク科で、花はアザミに似るが、総苞片の先は鉤針になる

⑦ーオオオナモミの雌花。雄花の穂の基部につき、将来イガイガとなる総苞の中に2個の花が入っている。矢印はそれぞれの花の柱頭

⑥ーオオオナモミの雄花。多数の雄花が丸く集まっている。イソギンチャクのような突起は雄しべ

⑩ーオオオナモミの芽生え

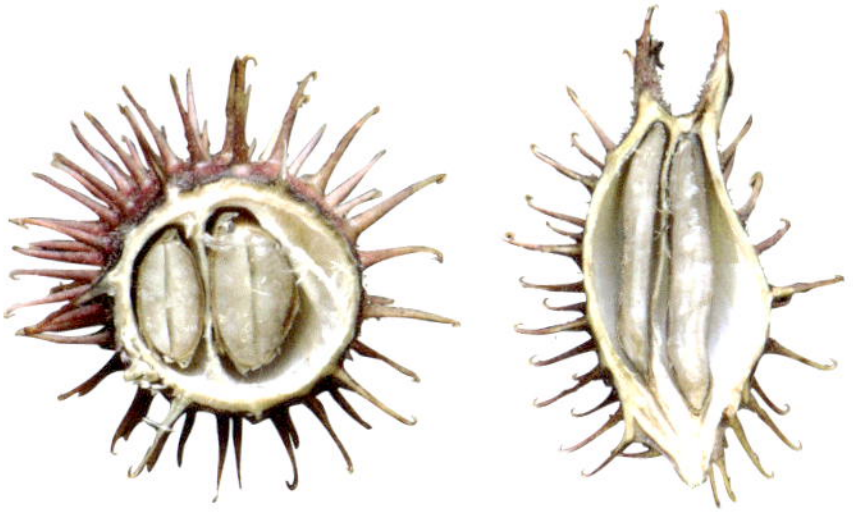

⑧ーオオオナモミの実の縦断面。内部には大小2個の種子があり、きまって大小がある

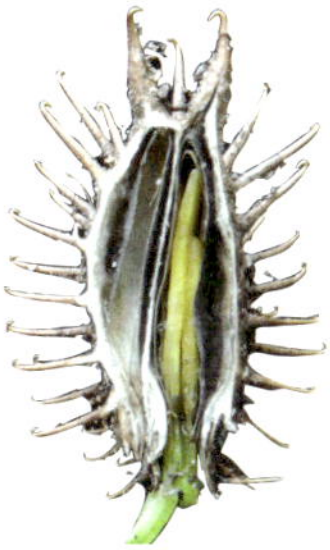

⑨ーオオオナモミの芽生えの断面。2個の種子のうち、右側の大きな種子だけが芽を出した。左側の小さな種子には変化が見られない

イガイガの実を縦と横の断面にしてみると⑧、細長い種子が2個並んでいる。大小があり、また縦方向に少しいびつにずれて並んでいて、小さいほうの種子がやや上に来る。地面に落ちた実は春には発芽する。イガイガは割れずにそのまま発芽し、双葉はイガイガ帽子を窮屈そうに脱ぎ捨てて顔を出す⑩。このときは、大きいほうの種子しか発芽しない。断面で見ると、右側の大きい種子が発芽しているが、左側の小さい種子はまったく芽が動いていない⑨。この小さいほうの種子は、夏を過ぎて秋になってはじめて発芽する。発芽にさらにもう1年かかるのもあるようだ。東北大学で行われた研究によると、この時間差発芽には温度が関係しているらしい。小さい方の種子は夏の高温にさらされてはじめて発芽するという。

越後に「もしかあんさま」という言葉がある。「あんさま」は長男、「もしかあんさま」は次男。長男に何かアクシデントがあったときに、次男はもしかしたら「あんさま」になれるというわけだ。オオオナモミの小さいほうの種子はこの「もしかあんさま」で、季節を変えて発芽する予備軍である。このような時間差発芽戦略によって、オオオナモミは着実に子孫を残し続ける。

パラサイト・エイリアン——ヤセウツボ

【寄生植物】
他の植物に寄生根を挿入し、栄養を奪って生活する植物。寄生する側をパラサイト、寄生される側をホスト（宿主・寄主）という。ヤセウツボのように葉緑素を欠き、栄養を完全に宿主に頼る完全従属栄養型と、ヤドリギのように緑葉をもつ不完全従属栄養型がある。

これが花？

アカツメクサの群落の中からにょきにょき出た異様な茶色い物体①。「何これ、キノコのお化け？」「ヤセウツボと言って、これでも植物。アカツメクサやタンポポに寄生しているのが多いね。帰化植物だけど、数年前からうちの近くでも見かけるようになった。寄生する帰化植物だからさしずめパラサイト・エイリアンだな」「ウツボってお魚のウツボ？」

お魚が地面からは出ないだろう。ウツボは「靫」と書いて、矢を入れて背負う細長い筒。ヤセウツボは筒型の花の形から来た名前だろうね。ウツボグサという植物もある。寄生植物（※）だから葉緑素がなく、肉質で赤茶色。たしかに植物らしくない。でも、近寄ってのぞき込むと、花らしいものがついていて、中にはピンクの串団子が並んでいる②。これ、ほんとに花？

さらに中をのぞき込むと、ほら、花らしくなる③。茶褐色の葯を持った長短2本ずつの雄しべ。雌しべの柱頭は先端で2裂して丸いキャップ状、外からはこれがピンクの串団子に見えるんだ。雄しべと雌しべの配色のコントラストが意表をつく。美しい花だ、と言ったらご賛同いただけるだろうか。

花は穂状に咲き上がって行くから、順に見ると開花から結実までのプロセスを辿ることができる。花が咲き終わるときに雌しべがくるりと巻き込んで雄しべの葯に触れ、同花受粉する④。細長い実は黒く乾くと縦一文字に裂けて細かな種子を散らす。⑤

②ーヤセウツボの花。花期は4～5月。直立する花穂に咲く花の奥に、丸いものが見える

①ーハマウツボ科の一年草。葉緑素を欠く寄生植物で、水も栄養もすべて宿主植物から奪って生活する。原産地はヨーロッパから北アフリカで、世界各地に帰化している

④ー咲き終わりの花の雌しべと雄しべ。雌しべの柱頭と雄しべの葯が触れて、同花受粉する

③ー雄しべと雌しべ(花びらを切除して撮影)。長短2本ずつ計4本の雄しべと、2裂した雌しべの丸い柱頭

は種子を1ミリ平方のグラフ用紙の上にひろげたもので、平均長径0・3ミリ、重さは約0・5マイクログラム、数は1個体当たり数十万個に達するという。植物の種子は一般に発芽後ある程度まで自分で成長できるだけの栄養分を持っているが、栄養は最初から宿主まかせにするつもりなら思い切ってサイズダウンし、種子の数を増やすことが可能になる。完全従属栄養型の寄生植物の多くはこういう微細多子の戦略をとる。

種子の戦略

ヤセウツボの種子は宿主の根のそばでないと発芽しない。これは19世紀前半にすでに気づかれていたが、20世紀後半に入ってから宿主の根から出る発芽促進物質の構造がわかりはじめた。発芽を促す物質の構造は、ヤセウツボと類縁のストライガという寄生植物ではじめて明らかにされ、ストリゴラクトンと名づけられたが、その後類縁化合物が次々に見つかっている。これらの物質は不安定なため、効果は遠くまでは及ばない。また、運良く発芽しても、2~3日のうちに宿主の根に定着できないと死んでしまう。種子はぎりぎりの栄養の貯えしか持っていないのだ。発芽した種子が定着可能な範囲は根から5ミリメートル程度とされている。

こう書くと、ヤセウツボはおびただしい数の種子を無駄にし、わずかな偶然のチャンスに頼って子孫を残している、ひ弱な植物に見えるかもしれない。しかし、だまさ

【埋土種子】
発芽能力を有したまま土に埋もれて休眠している種子。環境変化で光や温度や化学物質など特定の条件に恵まれると数十年に及ぶ休眠が解除されて芽を出す。地中には他にもさまざまな植物の種子が埋土種子集団（土壌シードバンク）を作り、発芽のチャンスを窺っている。

れてはいけない。東京湾岸の埋め立て地などでは、ヤセウツボが一時期猛烈な勢いでひろがったりする。よく調べてみると、土に落ちたヤセウツボの種子が12年間生き残ったという記録があった。つまり、宿主のいないところでは発芽してもどうせ成長できないのだから、むしろ発芽せずに休眠していたほうがいいのだ。その代わり、膨大な量の埋土種子（シード・バンク、※）を土中に蓄えて、新しい宿主の芽生えを待つ。これが、微細多種子戦略に秘められたもう1つの狙いである。世界的に見れば、この種の寄生植物はトウモロコシ、サトウキビ、トマトなどの作物に甚大な被害を与えているという。

根と根のせめぎ合い

さて、ヤセウツボはどんなふうにして宿主から栄養を奪うのだろうか。アカツメクサに寄生したもので調べてみた。

ヤセウツボの茎の下部は球根のようにふくらんだ根茎となり、赤茶色の寄生根が蛸の足のように出ている⑥。右から横に走っているのがアカツメクサの根で、先端がヤセウツボの寄生根にがっちりとり囲まれている。寄生根の先端は吸盤となり、これで宿主の根にとりつく⑦。⑧は寄生部の断面で、矢印の白っぽい部分がアカツメクサの根、黄色いのがヤセウツボの根である。この部分は「吸器」と呼ばれ、ヤセウツボの根のほうがアカツメクサより浸透圧が高くなっているために、栄養分は一方的にヤセウツボのほうに流れるらしい。蛸足のような赤い根がアカツメクサにとりついた部分が⑨である。上部に細長い根粒がついているのがアカツメクサの根とわかる。とりつかれたアカツメクサの根はすでにふくらみ始めている(⑨)。根粒菌から栄養を貰っているアカツメクサ、その根をかかえ込んで栄養を奪うヤセウツボ。地面の下で展開している複雑なからみ合いのドラマである。

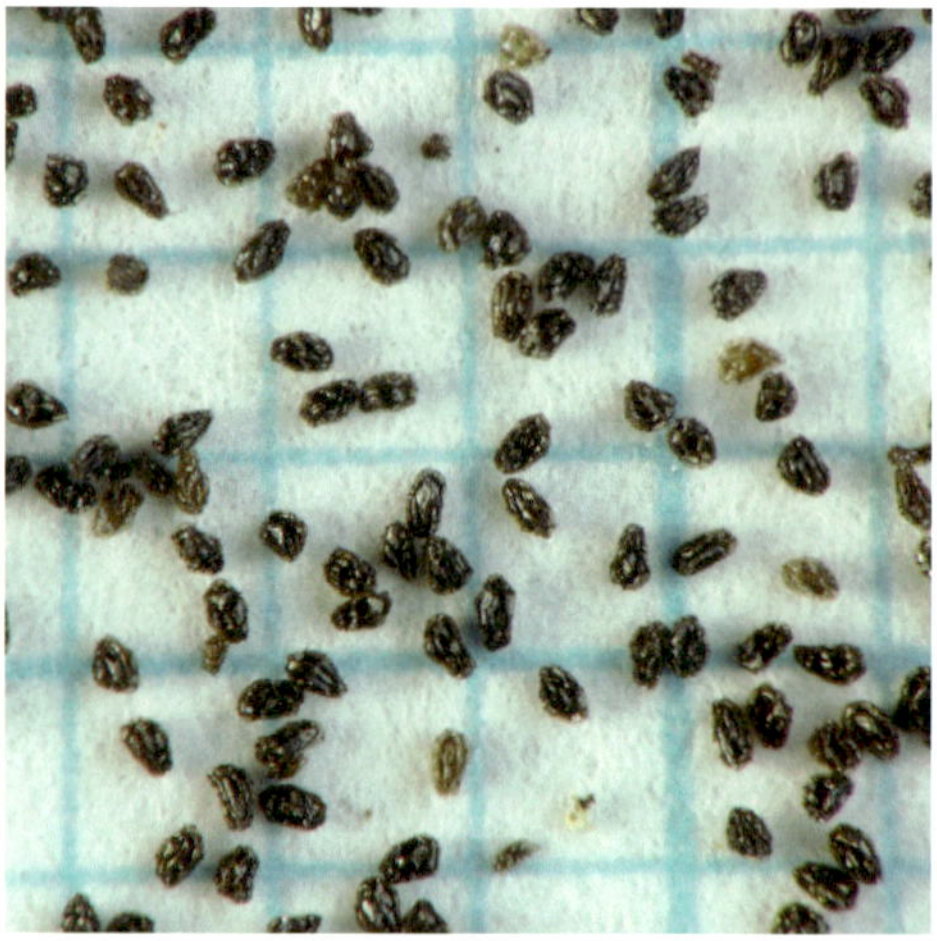

⑤ーヤセウツボの種子。種子植物のうちで最も微細なものの一つで、ほこりのように空を漂う。背景は1ミリ方眼

⑥ーヤセウツボの茎の下部と寄生根。茎基部の膨らんだ部分から、赤茶色の寄生根が四方に伸びる

⑧ー寄生部の断面。黄色い部分がヤセウツボ、白い部分（矢印）は宿主のアカツメクサの根

⑦ー寄生根の先端。吸盤状で、これで宿主の根にとりつく

⑨ーアカツメクサの根に取りついたヤセウツボの寄生根
右から左に伸びるのがアカツメクサの根で、いくつも根粒がついている。赤いのがヤセウツボの寄生根で、取りつかれたアカツメクサの根が膨らみ始めている（矢印）

河原に降りたコゲラ

わが家の近くを流れる矢上川は鶴見川の支流で、下流域では横浜市と川崎市の間を流れる典型的な都市型河川である。水はお世辞にもきれいとは言えなくて悲しいが、河口付近には冬鳥も多く集まるし、近くに慶応大学日吉キャンパスの森が残されているおかげで、割合に動植物の種類が豊富なエリアである。流域の市民サークル「矢上川で遊ぶ会」が、1999年12月26日に下流域で行った野鳥調査で、1羽のコゲラが河原で枯れたオオブタクサの茎をつついているのが目撃された①。会の調査でコゲラが記録されたのはこれが最初であるが、近くに住む野鳥に詳しい人の話では、コゲラは2年ほど前から河原に姿を見せるようになったという。この冬の観察では、つがいの2羽のコゲラが矢上川下流にやってくることが確認できた。また、近くの早渕川で同年12月23日に行われた「早渕川をかなでる会」による調査でも「1羽のコゲラがオオブタクサをドラミングしていた」ことが初めて記録された。コゲラはもともと森や林にすむ鳥だが、昨今では巣穴を作るための木が少なくなり、市街地にも進出してきたと言われる。それにしても河原にまで降りるとは。小さい頃から裏山のコゲラと遊んで育った私にとっては少なからぬカルチャー・ショックだった。

オオブタクサの虫

コゲラは何を食べているのだろう。茎を開けてみると、白い芯の中に体長1センチほどの黄色い幼虫がたくさん見つかった②。すでに成長を終えてぬくぬくと越冬し

①ーオオブタクサの茎をつついて、中にいる虫を食べているコゲラ

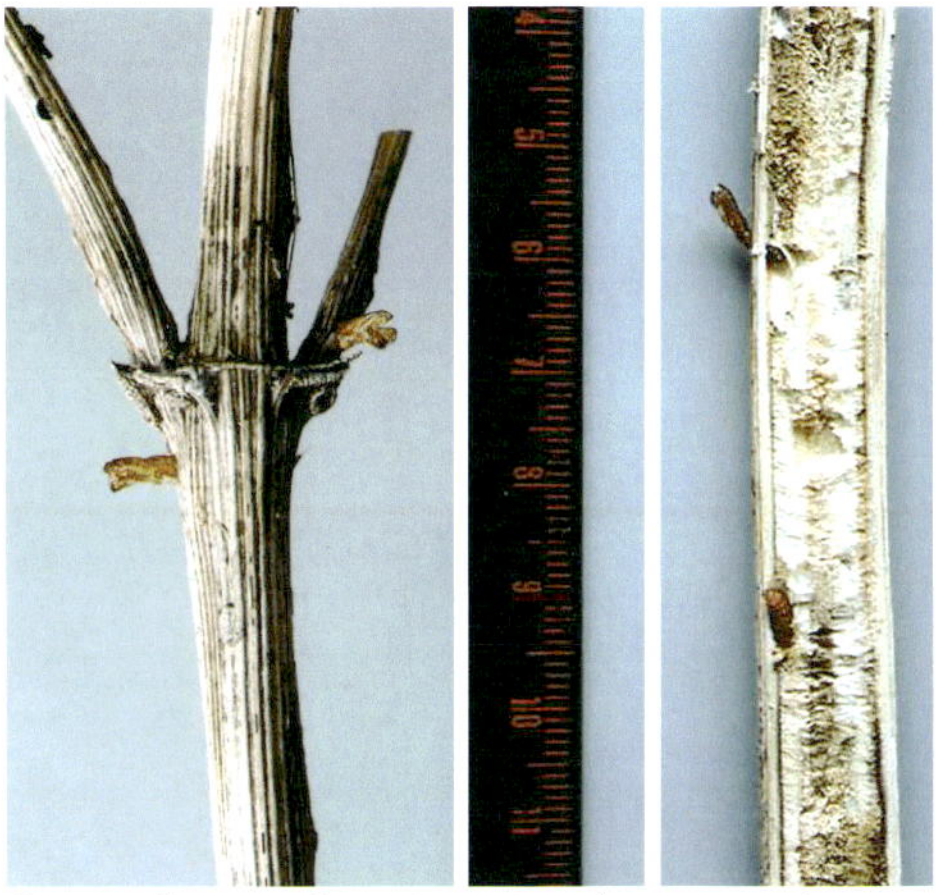

③ーオオブタクサの茎から出てきたスギヒメハマキの蛹

②ーコゲラが食べていた何かの幼虫

ているようだ。小さい幼虫だからコゲラがおなかをいっぱいにするのはたいへんだが、オオブタクサの茎なら固い木をつつくよりはうんと楽だし、河原に来ればオオブタクサはいくらでも立っている。住宅難のほうはともかく、コゲラの食糧難はこれでだいぶ緩和されることだろう。コゲラが見つけた新しい食文化である。

この虫の正体を知りたいと思っていたところ、大阪市立自然史博物館でブタクサハムシの分布調査を行っていることを知った。ブタクサハムシは１９９７年に日本で初めて見つかった帰化昆虫で、ブタクサ、オオブタクサ、オオオナモミなどを食害するとのこと。この黄色い幼虫はそれとは違うようだが、何かヒントが得られるかもしれない、と同博物館に写真を送ってお尋ねしたところ、学芸員の金沢至氏から折り返し回答をいただいた。

【金沢学芸員の答え】

写真を見ましたが、ブタクサハムシではなく、おそらくハマキガ類の幼虫と思われます。近縁のブタクサに虫コブをつくるスギヒメハマキという種類が知られていますが、写真を見る限り、虫コブを作ってはいませんね。小蛾類は未記載種がたくさんあり、幼虫を送っていただいても同定できません。飼育して成虫を羽化させてください。幼虫で越冬する種類はだいたい6月ごろに羽化すると思います。成虫が羽化したら、ハネの鱗粉が落ちないうちに、アンモニアなどで完全に殺し、三角紙などに包んでこちらに送ってください。ということで、標本の作り方なども詳しい指示をくださった。

④ースギヒメハマキの成虫

スギヒメハマキ

金沢氏の回答の中にあるスギヒメハマキについては、薄葉重『虫こぶ入門』（八坂書房）に次のような記載があることがわかった。以下引用する。

「ブタクサの茎に喰い入り、その壁を膨大させる蛾の幼虫がいる。埼玉県浦和市付近には普通に見られ、蛹は虫こぶから半身を乗り出すようにし、ここから成虫が羽化してくる。長い間同定できないでいたが、秩父でのある研修会で川辺湛氏を紹介していただき、写真と標本を送って同定をお願いした。折り返し、この蛾はスギヒメハマキ（Epiblema sugii Kawabe）であり、ブタクサに虫こぶを作るとのご返事をいただいた。何とも偶然なことに、この蛾を新種として記載した方に、それと知らずに同定を依頼したわけである。その後、ヨモギなどのキク科植物の虫こぶから、スギヒメハマキが脱出してこないかと調べ続けている。しかし、ヨモギの、よく似た形の虫こぶからはヨモギシロフシガが脱出してくるが、スギヒメハマキは羽化してこない。という次第で、スギヒメハマキの方は、在来種から帰化種に乗り換えて虫こぶを作ったことを、今のところ証明できないでいる」。

さてその後、4月、5月と季節が進んで、河原に立ち枯れたオオブタクサはどんどん倒れていき、中の幼虫もなんだか干からびていくようで、どうなることやらと虫の身を案じていたら、6月に入って、金沢氏の予言通りに一斉に羽化が始まった。2000年6月2日のこと、河原に出てみると、オオブタクサの茎や枝のあちこちか

⑤ースギヒメハマキ
右：オオブタクサの虫こぶの中の蛹
左：羽化のため虫こぶから乗り出した蛹

らこれまでになかった細長い茶色の小さな蛹が突き出ている。よく見るとすでに羽化してしまった抜け殻ばかりである。あわてて茎の中を調べると、幼虫から蛹への変化がまさに始まったところだった。蛹は羽化する直前に茎に穴を空けて「身を乗り出す」ようだ③。すぐに枯れ茎をひと抱え採集し、自宅に持ち帰って部屋においたところ、翌日の未明から次々に成虫が羽化して飛び立ち始めた。羽化は約1か月にわたって続いたので、その間は毎朝起きるとまずは部屋の中で昆虫採集、という贅沢な楽しみを味わうことができた。出てきた成虫④は体長1センチ足らずの小さな蛾で、種名は山本光人、那須義次、薄葉重の諸氏に同定をお願いし「スギヒメハマキ」と確定した。河原に降りたコゲラを最初に目撃してから半年、ようやく「虫」のほうも姿を現したのだ。

蛾のルーツ

この蛾が羽化する6月には、今年、発芽したオオブタクサがすでにだいぶ大きくなっているので、すぐにまた産卵するのではないかと気をつけていたところ、7月になってやはりスギヒメハマキの虫こぶが見つかった。中の幼虫は冬のものと違って黄色くなく、半透明の感じだが、蛹は同じく虫こぶから身を乗り出してそこから成虫が羽化してくる⑤。この蛾は夏から秋にかけては虫こぶを作って繁殖をくり返し、オオブタクサの茎が枯れるころには今度は虫こぶにならずに幼虫で越冬するのである。そし

⑥ー蛹からぴょんと飛び出したスギヒメハマキの成虫

て、越冬した幼虫が羽化するころには、もう若いオオブタクサが育っている。まことにうまいサイクルになっていて、あたかもスギヒメハマキははるかな昔からオオブタクサを産卵場所にしていたかのようだ。

ブタクサの日本渡来は明治初期、オオブタクサが日本で最初に記録されたのは１９５２年、上陸地点は清水港となっている。一方のスギヒメハマキは日本の固有種とされている。ブタクサを追って上陸してきたブタクサハムシとは違うのである。インターネットで全米のウエッブサイトを検索したところ、ブタクサやオオブタクサの生まれ故郷の北米のブタクサでは Epiblema strenuana というスギヒメハマキと同属の蛾がいることがわかったが、スギヒメハマキそのものについては記録が見つからない。だとすると、日本のスギヒメハマキがオオブタクサという格好のパートナーに出会ってからたかだか50年あまりしかたっていないのだ。その前は、ブタクサは別として、日本在来の植物を食草にしていたことになるが、その辺は前出の『虫こぶ入門』にも述べられているようによくわかっていない。ただ、スギヒメハマキの幼虫は、オオブタクサ以外にやはりキク科植物であるオオオナモミの茎でも越冬し、夏には虫こぶも少数ながら見つかる。したがって、在来種のオナモミなどを食草にしていた可能性はあるが、確認していない。

羽化を追う

この蛾の羽化を見たいと思っていたが、これがなかなかむずかしかった。羽化は深夜から未明にかけて起こるが、いつ、どこから出て来るのか見当がつかないのだ。徹夜で張り込みをやる根気もないまま3年ほどたったある夜半、ようやく蛹が茎から身を乗り出すところを目撃することができた。見守るうちに、蛹がぷるぷるっと震えたかと思うと、蛾がぴょんと飛びだしてしまった⑥。どんな生き物にだって、一生に一度やそこらは輝く瞬間がある。このちっぽけでみすぼらしい蛾の誕生のガッツポーズを見てやっていただきたい。

この蛾は意外に長生きである。ある年の12月に入った朝、窓のカーテンにスギヒメハマキがとまっているのを見つけて驚いた。6月に羽化したのがそのままわが家で生きていてくれたのである。うれしい再会だった。人生にはときどき、ちょっぴり楽しいことがある。

あとがき

「ミクロの自然探検」の著者 矢追義人さんは本書の「ガガイモ」の章に書かれているように、私たち自然探検が好きな仲間たちのリーダーでした。でも前身は履歴にも書かれているように、生化学の研究者として国立がんセンター研究所研究室長を勤め、多くの著書や論文を発表されていました。しかし私たち探検仲間のだれもが、生化学者としての矢追さんの姿を知りません。知っているのは野山で植物や鳥を追いかけ、そこで見たことを熱く論じる姿です。そして卒業者の出ないワイワイ学校の校長先生として、にこやかに生徒を見守る笑顔です。

その矢追さんが、自然観察の成果を出版に向け書き綴り、写真を編集し、著書の原稿を完成させました。そして、いつでも出版できる態勢がととのい、原稿をＣＤに収め出版社との交渉をはじめたころ、病に倒れてしまいました。

著者の現役時代とは異なる分野ですが、原稿には科学者としての精神が貫かれており、内外の文献に当たり、しっかりと裏づけられた価値の高い内容でした。そして、ミクロの世界を写しとった、興味深い写真に満ちていました。私たちは、原稿をこのまま埋もれさせてはならないと、文一総合出版に働きかけ、今回、出版の運びとなったのです。

その過程で、ガガイモの章に「ワイワイ学校の仲間たちのマグマが次にいつまた、どんな形で爆発するか、とても楽しみである」と書かれていた爆発が起きました。それを矢追義人先生にご報告して、あとがきとします。

不肖の生徒たち

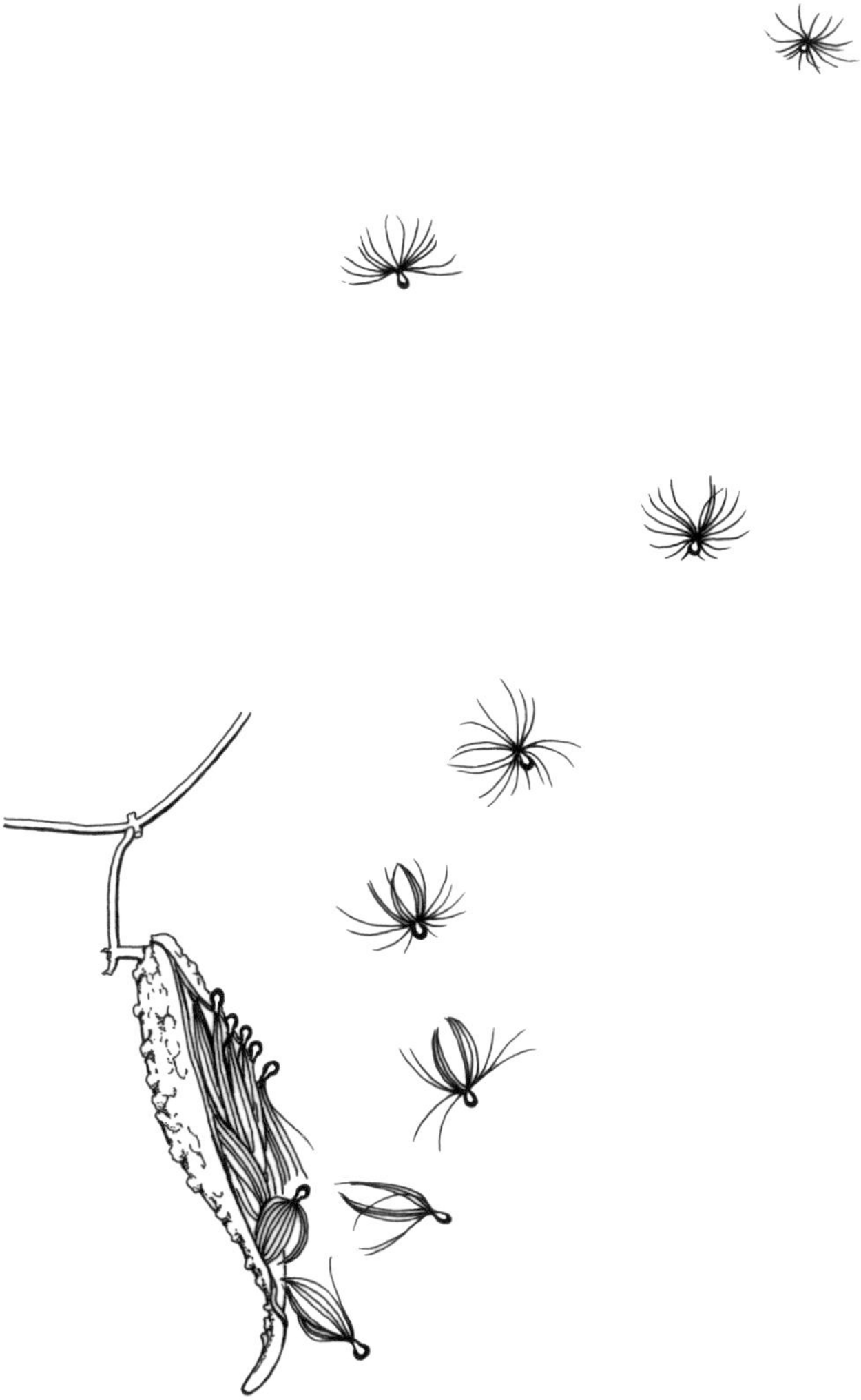

参考資料

薄葉　重『虫こぶ入門』（八坂書房）

多田多恵子『したたかな植物たち』（SCC Books）

多田多恵子、矢追義人「ヘクソカズラ」プランタ（研成社）Vol.92（2004）

田中　肇『花の顔』（山と渓谷社）

田中　肇『フィールド・ウオッチング５　山里の野草ウォッチング』（北隆館）

田中　肇『花と昆虫』（保育社カラー自然ガイド）

田村道夫『生きている古代植物』（保育社カラー自然ガイド）

中西弘樹『種子はひろがる』（平凡社）

西田治文『植物のたどってきた道』（ＮＨＫブックス）

渡辺光太郎「サルスベリの異形雄ずいと花粉の機能」西武舞鶴植物研究所報告　No.4,6-14（1988）

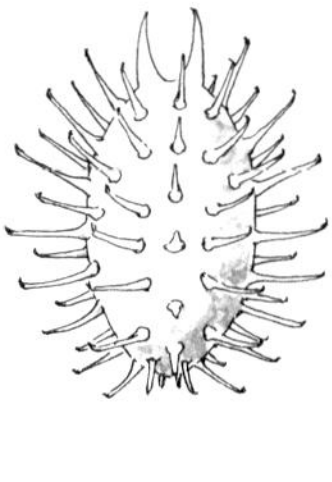

著者略歴

矢追義人（やおい よしひと）

1938年、奈良市生まれ。

京都大学卒業。理学博士。生化学者。

国立がんセンター研究所研究室長。1998年、国立がんセンター退職。

1998年，自然観察指導員資格を取る。

「矢上川で遊ぶ会」「アマナの里を守る会」「日吉の森に学ぶ会」等観察会に参加。

2006年「ガガイモの論文」を「ワイワイ学校」の仲間たちと出す（Plant Species Biology)。

2008年、他界。

主要著訳書

『現代生物学の構図』（大月書店）

『細胞の分化』（東京化学同人）

『ノラの日記』（西田書店）

その他専門書、学術論文など多数

編集協力　金子紀子、川内野姿子、北村 治（画像処理他）、多田多恵子（写真説明・用語解説）、田中 肇（写真説明）、中村奈保子、矢追正子

イラスト　川内野姿子

写真提供　金子紀子、北村 治、多田多恵子、田中 肇、矢追正子

デザイン　川村 易、川村きみ

ミクロの自然探検

身近な植物に探る驚異のデザイン

2011年2月28日　初版第1刷発行

発行者　斉藤 博

発行所　株式会社 文一総合出版

〒162-0812　東京都新宿区西五軒町 2-5

Tel: 03-3235-7341　Fax: 03-3269-1402

URL: http://www.bun-ichi.co.jp/

印刷　奥村印刷株式会社